学术引领系列

国家科学思想库

中国学科发展战略

RNA研究中的重大科学问题

国家自然科学基金委员会
中　国　科　学　院

科学出版社
北　京

图书在版编目(CIP)数据

RNA研究中的重大科学问题/国家自然科学基金委员会,中国科学院编. —北京:科学出版社,2017.1
(中国学科发展战略)
ISBN 978-7-03-051310-6

Ⅰ.①R… Ⅱ.①国… ②中… Ⅲ.①核糖核酸-科学研究 Ⅳ.①Q522

中国版本图书馆CIP数据核字(2016)第307465号

丛书策划:侯俊琳 牛 玲
责任编辑:牛 玲 张翠霞/责任校对:李 影
责任印制:吴兆东/封面设计:黄华斌 陈 敬
编辑部电话:010-64035853
E-mail:houjunlin@mail.sciencep.com

科学出版社 出版
北京东黄城根北街16号
邮政编码:100717
http://www.sciencep.com

北京厚诚则铭印刷科技有限公司印刷
科学出版社发行 各地新华书店经销

*

2017年1月第 一 版 开本:720×1000 1/16
2025年2月第六次印刷 印张:12 1/4 插页:1
字数:250 000

定价:72.00元
(如有印装质量问题,我社负责调换)

中国学科发展战略

联合领导小组

组　　长：陈宜瑜　李静海
副 组 长：秦大河　姚建年
成　　员：王恩哥　朱道本　傅伯杰　李树深　杨　卫
　　　　　武维华　曹效业　李　婷　王敬泽　高瑞平
　　　　　王常锐　韩　宇　郑永和　孟庆国　陈拥军
　　　　　杜生明　柴育成　黎　明　秦玉文　李一军
　　　　　董尔丹

联合工作组

组　　长：李　婷　郑永和
成　　员：龚　旭　孟庆峰　吴善超　李铭禄　董　超
　　　　　孙　粒　王敬泽　王振宇　钱莹洁　薛　淮
　　　　　冯　霞　赵剑峰

中国学科发展战略·RNA 研究中的重大科学问题

项 目 组

组　　长：施蕴渝　陈润生　王恩多　屈良鹄

成　　员：（以姓氏拼音为序）

曹晓风	陈匡时	陈玲玲	陈润生
陈晓亚	陈月琴	程　红	方显杨
光寿红	何新建	刘　晓	刘默芳
鲁　志	麻锦彪	倪　挺	戚益军
屈良鹄	阮梅花	单　革	宋尔卫
汪阳明	王恩多	王宏伟	王佳伟
王江云	王艳丽	吴　缅	吴立刚
熊　燕	徐永镇	杨建华	杨运桂
叶克穷	伊成器	张强锋	郑凌伶
郑晓飞	庄诗美		

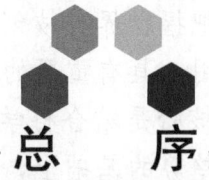

总　序

白春礼　杨　卫

17世纪的科学革命使科学从普适的自然哲学走向分科深入，如今已发展成为一幅由众多彼此独立又相互关联的学科汇就的壮丽画卷。在人类不断深化对自然认识的过程中，学科不仅仅是现代社会中科学知识的组成单元，同时也逐渐成为人类认知活动的组织分工，决定了知识生产的社会形态特征，推动和促进了科学技术和各种学术形态的蓬勃发展。从历史上看，学科的发展体现了知识生产及其传播、传承的过程，学科之间的相互交叉、融合与分化成为科学发展的重要特征。只有了解各学科演变的基本规律，完善学科布局，促进学科协调发展，才能推进科学的整体发展，形成促进前沿科学突破的科研布局和创新环境。

我国引入近代科学后几经曲折，及至上世纪初开始逐步同西方科学接轨，建立了以学科教育与学科科研互为支撑的学科体系。新中国建立后，逐步形成完整的学科体系，为国家科学技术进步和经济社会发展提供了大量优秀人才，部分学科已进入世界前列，有的学科取得了令世界瞩目的突出成就。当前，我国正处在从科学大国向科学强国转变的关键时期，经济发展新常态下要求科学技术为国家经济增长提供更强劲的动力，创新成为引领我国经济发展的新引擎。与此同时，改革开放30多年来，特别是21世纪以来，我国迅猛发展的科学事业蓄积了巨大的内能，不仅重大创新成果源源不断产生，而且一些学科正在孕育新的生长点，有可能引领世界学科发展的新方向。因此，开展学科发展战略研究是提高我国自主创新能力、实现我国科学由"跟跑者"向"并行者"和"领跑者"转变的一项基础工程，对于更好把握世界科技创新发展趋势，发挥科技创新在全面创新中的引领作用，具有重要的现实意义。

学科发展战略研究的核心是结合科学技术和经济社会的发展需求，在分析科学前沿发展趋势的基础上，寻找新的学科生长点和方向。在这个过程中，战略科学家的前瞻引领作用十分重要。科学史上这样的例子比比皆是。在 1900 年 8 月巴黎国际数学家代表大会上，德国数学家戴维·希尔伯特发表了题为"数学问题"的著名讲演，他根据过去特别是 19 世纪数学研究的成果和发展趋势，提出了 23 个最重要的数学问题，即"希尔伯特问题"。这些"问题"后来成为许多数学家力图攻克的难关，对现代数学的研究和发展产生了深刻的影响。1959 年 12 月，美国物理学家、诺贝尔奖得主理查德·费曼在加利福尼亚理工学院举行的美国物理学会年会上发表了题为"物质底层大有空间——一张进入物理新领域的请柬"的经典讲话，对后来出现的纳米技术作出了天才的预见。

学科生长点并不完全等同于科学前沿，其产生和形成不仅取决于科学前沿的成果，还决定于社会生产和科学发展的需要。1841 年，佩利戈特用钾还原四氯化铀，成功地获得了金属铀，可在很长一段时间并未能发展成为学科生长点。直到 1939 年，哈恩和斯特拉斯曼发现了铀的核裂变现象后，人们认识到它有可能成为巨大的能源，这才形成了以铀为主要对象的核燃料科学的学科生长点。而基本粒子物理学作为一门理论性很强的学科，它的新生长点之所以能不断形成，不仅在于它有揭示物质的深层结构秘密的作用，而且在于其成果有助于认识宇宙的起源和演化。上述事实说明，科学在从理论到应用又从应用到理论的转化过程中，会有新的学科生长点不断地产生和形成。

不同学科交叉集成，特别是理论研究与实验科学相结合，往往也是新的学科生长点的重要来源。新的实验方法和实验手段的发明，大科学装置的建立，如离子加速器、中子反应堆、核磁共振仪等技术方法，都促进了相对独立的新学科的形成。自 20 世纪 80 年代以来，具有费曼 1959 年所预见的性能、微观表征和操纵技术的仪器——扫描隧道显微镜和原子力显微镜终于相继问世,为纳米结构的测量和操纵提供了"眼睛"和"手指",使得人类能更进一步认识纳米世界,极大地推动了纳米技术的发展。

作为国家科学思想库,中国科学院(以下简称中科院)学部的基本职责和优势是为国家科学选择和优化布局重大科学技术发展方向提供科学依据、发挥学术引领作用,国家自然科学基金委员会(以下简称基金委)则承担着协调学科发展、夯实学科基础、促进学科交叉、加强学科建设的重大责任。继基金委和中科院于2012年成功地联合发布"未来10年中国学科发展战略研究"报告之后,双方签署了共同开展学科发展战略研究的长期合作协议,通过联合开展学科发展战略研究的长效机制,共建共享国家科学思想库的研究咨询能力,切实担当起服务国家科学领域决策咨询的核心作用。

基金委和中科院共同组织的学科发展战略研究既分析相关学科领域的发展趋势与应用前景,又提出与学科发展相关的人才队伍布局、环境条件建设、资助机制创新等方面的政策建议,还针对某一类学科发展所面临的共性政策问题,开展专题学科战略与政策研究。自2012年开始,平均每年部署10项左右学科发展战略研究项目,其中既有传统学科中的新生长点或交叉学科,如物理学中的软凝聚态物理、化学中的能源化学、生物学中生命组学等,也有面向具有重大应用背景的新兴战略研究领域,如再生医学、冰冻圈科学、高功率、高光束质量半导体激光发展战略研究等,还有以具体学科为例开展的关于依托重大科学设施与平台发展的学科政策研究。

学科发展战略研究工作沿袭了由中科院院士牵头的方式,并凝聚相关领域专家学者共同开展研究。他们秉承"知行合一"的理念,将深刻的洞察力和严谨的工作作风结合起来,潜心研究,求真唯实,"知之真切笃实处即是行,行之明觉精察处即是知"。他们精益求精,"止于至善","皆当至于至善之地而不迁",力求尽善尽美,以获取最大的集体智慧。他们在中国基础研究从与发达国家"总量并行"到"贡献并行"再到"源头并行"的升级发展过程中,脚踏实地，拾级而上，纵观全局，极目迥望。他们站在巨人肩上，立于科学前沿，为中国乃至世界的学科发展指出可能的生长点和新方向。

各学科发展战略研究组从学科的科学意义与战略价值、发展规律和研究特点、发展现状与发展态势、未来5~10年学科发展的关键科学问题、发展思路、发展目标和重要研究方向、学科发展的有效资助机制与政策建议等方面进行分析阐述。既强调学科生长点的科学意义，也考虑其重要的社会价值；既着眼于学科生长点的前沿性，也兼顾其可能利用的资源和条件；既立足于国内的现状，又注重基础研究的国际化趋势；既肯定已取得的成绩，又不回避发展中面临的困难和问题。主要研究成果以"国家自然科学基金委员会—中国科学院学科发展战略"丛书的形式，纳入"国家科学思想库—学术引领系列"陆续出版。

基金委和中科院在学科发展战略研究方面的合作是一项长期的任务。在报告付梓之际，我们衷心地感谢为学科发展战略研究付出心血的院士、专家，还要感谢在咨询、审读和支撑方面做出贡献的同志，也要感谢科学出版社在编辑出版工作中付出的辛苦劳动，更要感谢基金委和中科院学科发展战略研究联合工作组各位成员的辛勤工作。我们诚挚希望更多的院士、专家能够加入到学科发展战略研究的行列中来，搭建我国科技规划和科技政策咨询平台，为推动促进我国学科均衡、协调、可持续发展发挥更大的积极作用。

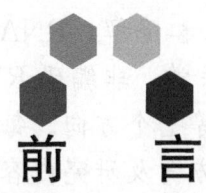

前 言

根据《中国科学院学部"十二五"工作规划纲要》中关于组织开展学科发展战略研究的要求,2012年12月8日,中国科学院生物学与医学学部常务委员会会议批准开展关于 RNA 研究的战略研究项目,并于2013年1月启动。2013年6月,中国科学院学部与国家自然科学基金委员会联合开展的"RNA 研究中的若干重大科学问题"项目启动。

项目启动后,按照国家自然科学基金委员会与中国科学院学科发展战略研究项目的要求,项目组由施蕴渝、陈润生、王恩多和屈良鹄领导,召开两次小范围、高层次的 RNA 研究战略研讨会,规模45~50人。会上,文献情报专家提供 RNA 研究情报资料,还两次发放美国加利福尼亚大学圣迭戈分校付向东教授撰写的关于 RNA 研究的评述文章。项目组汇聚了国内 RNA 研究领域的一批优秀科学家,特别是一批年轻的科学家,瞄准国际学术前沿,凝聚科学问题,交流新的学术思想、学术成果、新技术和新方法。通过研讨会,项目组凝聚了国内最优秀的 RNA 研究领域的学术研究队伍,召开的"RNA 研究的战略研讨会"和"学术讨论会"已形成品牌。

在此基础上,屈良鹄主要负责并开始撰写《中国学科发展战略·RNA 研究中的重大科学问题》,内容包括:RNA 研究的科学意义与战略价值;RNA 研究的发展规律与研究特点;RNA 研究的发展现状与发展态势。在学术研讨的基础上,项目组凝练学科发展的前沿方向,分别由在 RNA 研究前沿研究领域从事一线工作的优秀科学家撰写了 RNA 研究的发展思路与发展方向,内容包括 RNA

信息学，RNA 生成、加工和降解，RNA 生理与遗传，RNA 结构生物学，非编码 RNA 与医学，非编码 RNA 与农学，非编码 RNA 研究中的新方法和新技术等七个方向。每个方向按照概述、关键科学问题、发展思路、前沿方向及研究内容、发展目标和我国在该领域的优势加以撰写。具体编写分工如下①：①RNA 信息学：陈润生、鲁志、屈良鹄、杨建华*、郑凌伶；②RNA 生成、加工和降解：陈玲玲、程红、刘默芳、倪挺、戚益军、吴立刚*、徐永镇、杨运桂；③RNA 生理与遗传：曹晓风、陈玲玲、光寿红、刘默芳*、单革、汪阳明、王恩多；④RNA 结构生物学：麻锦彪、王艳丽、叶克穷*；⑤非编码 RNA 与医学：宋尔卫、吴缅、庄诗美*；⑥非编码 RNA 与农学：曹晓风、陈月琴、陈晓亚、何新建、戚益军*、王佳伟；⑦非编码 RNA 研究中的新方法和新技术：陈匡时、方显杨、刘晓*、王宏伟、王江云、伊成器、张强锋、郑晓飞。此外，文献情报专家熊燕和阮梅花为本书提供了文献情报支撑服务。

人类基因组中编码蛋白质的序列只占 2%，而占基因组 98% 的是不编码蛋白质的序列（即非编码区域），但人类基因组中大约 80% 的序列是可以被转录的。同时，大量疾病相关的突变发生在非编码区域上，并构成了由蛋白质、RNA、DNA 和小分子组成的复杂的调控网络。此外，物种间最主要的差别也存在于这些非编码区域上。因此，我们认为非编码 RNA 是生命科学新的研究前沿，蕴含着生命活动的基本规律。对非编码 RNA 的研究充分体现了科学研究的前瞻性、基础性和重要性的特点，其研究水平将影响未来生命科学，包括医学和农学的发展。我国的非编码 RNA 研究起步时间与国际同行差距不大，近十年来已取得一批具有重要国际影响的原始创新成果，是生命科学有望取得国际领先地位的重要领域，是一个有可能取得原创突破的战略方向。因此，在本书资助机制与政策建议部分中，项目组提出：鉴于《国家中长期科学和技术发展规划纲要（2006—2020 年）》中"非编码核糖核酸的表达调控与功能"已作为科学前沿被列入主要研究方向，建议中国科学院学部与

---

① 以姓氏拼音为序。* 标注的为该部分主要执笔人。

国家自然科学基金委员会在编制国家"十三五"科学发展规划时，能充分考虑非编码RNA研究的重要意义；同时建议科技部在"国家重点研发计划"中予以考虑。

《中国学科发展战略·RNA研究中的重大科学问题》初稿于2013年秋完成。2014年秋学术会议传达了中国科学院学部工作局对"中国学科发展战略"项目研究成果的出版要求，要求各专题组在以往工作报告的基础上做出修订。2015年3月完成第二稿。2016年2月完成第三稿。2016年2月20~21日在广州召开的会议上进行了认真讨论，按照国家自然科学基金委员会-中国科学院"学科发展战略研究"工作联合领导小组的要求进一步修改了第三稿，形成第四稿。2016年5月，书稿由中国科学院学部与国家自然科学基金委员会组织通讯评审通过，进入正式出版流程。

由于认识局限，书中难免存在缺陷和不足，敬请读者批评指正。

施蕴渝
2016年9月

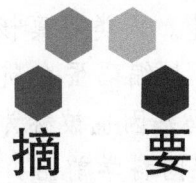

摘 要

一、本学科领域的科学意义与战略价值

细胞中存在各种各样的 RNA 分子，按照其是否携带编码蛋白质的信息来划分，可以分为信使 RNA（message RNA，mRNA，即编码蛋白质的 RNA）和非编码 RNA（non-protein-coding RNA，ncRNA，即不编码蛋白质的 RNA）两种。mRNA 是携带基因组的遗传信息并指导蛋白质合成的一类 RNA；而非编码 RNA 是相对于 mRNA 来说的，能够转录但不产生功能蛋白质产物的另一类 RNA。非编码 RNA 与基因的表达和调控是当前生命科学最活跃的前沿研究之一。20 年来，一大批非编码 RNA 的发现及其功能的阐明，揭示了非编码 RNA 基因（简称非编码基因）在遗传信息表达和调控中的重要作用。非编码基因所具有的从调控到生物催化活力的结构与功能多样性，不仅大大开阔和革新了人们对许多生物学基本概念和基本问题（如生命起源方式和分子生物学中心法则）的认识，而且展示了 RNA 技术在生命科学、农学和医学中广阔的应用前景。

在"人类基因组计划"完成之后，以解析非编码蛋白质序列为主要目标的"人类 DNA 元件百科全书计划"（ENCODE 计划）等研究发现，人类和高等真核生物基因组中存在大量未知的非编码基因，对这些基因的结构及其功能的研究是后基因组时代重要的科学研究前沿，因为它有可能揭示一个全新的由 RNA 介导的遗传信息表达调控网络，从而以不同于编码蛋白质的基因的角度来注释和阐明生物基因组的结构与功能。人类等真核生物基因组被认为是一个高度结构化的 RNA 机器。与编码蛋白质的遗传密码不同，基因组中的"暗物质"——非编码基因也被称为"第二套遗传密码"。

非编码 RNA 不仅是基因科学前沿，同时也正在引领生命科学各个领域的发展。最新的研究表明，非编码 RNA 虽然不编码蛋白质，但是以蛋白质机器"组织者"和调控分子等多种身份参与了各个层次的生命活动，在干细胞维持和分化、胚胎发育、细胞自噬与凋亡、生化代谢、信号转导、表观与获得性遗传、感染及免疫应答等几乎所有重要生命活动中发挥着不可替代的调控作用，并与恶性肿瘤、心血管疾病、神经系统疾病等人类重大疾病的发生和发展密切相关。随着对非编码 RNA 研究的深入，一个普遍存在的 RNA 与蛋白质相互作用、协同调控的细胞功能网络及信号转导机制正逐渐显露，这将有助于阐明生命起源及进化的本质。同时，非编码 RNA 作为人类健康大数据及精准医学的核心指标——RNA index，将为人类重大疾病的诊断、干预、防治及药物研发等提供全新的思路与技术。

二、本学科领域的研究特点、发展规律和发展趋势

1. 非编码 RNA 是新的基因科学前沿

人类基因组计划完成后，人们惊讶地发现，人类基因组中非蛋白质编码区（98%以上）远远大于蛋白质编码区，在非蛋白质编码区中隐藏着数目巨大的非编码基因有待发现。2005 年，《Science》杂志提出 21 世纪 125 个挑战性问题，其中"人类基因为什么这么少？"列为第三。2010 年，《Science》杂志再次提出，非编码基因是基因组中的"暗物质"。目前已预测出高达数万种人类非编码基因，但这仅仅揭示了其冰山一角。突破现有理论和方法的局限，全面系统地发掘新的非编码 RNA 及其功能解析已成为 21 世纪生命领域的科学前沿。

2. 非编码 RNA 对整个生命科学的引领作用

非编码 RNA 研究，不仅以大量新基因的发现来全面注释人类

等生物基因组的组成，而且将揭示出一个全新的由RNA介导的遗传信息表达调控网络和生命控制机理的起源及进化。目前已发现非编码RNA参与了动植物胚胎发育、干细胞维持、细胞分化、代谢、信号转导、免疫应答、神经生长、生物应激、癌症、衰老等几乎所有生理或病理过程。非编码RNA作为生理和遗传核心调控因子，参与决定各种细胞的功能及命运的过程，是复杂生命性状表观遗传调控的分子基础。对非编码RNA生物学功能及其机制的研究将影响或辐射到遗传学、生理学、免疫学、细胞生物学、神经生物学等生命科学各个基础领域，成为这些学科新的增长点，推动整个生命科学的快速发展。

3. 非编码RNA代表新的基因资源和新的生物技术制高点

非编码基因是与编码蛋白质的基因具有同等价值的遗传资源。大量非编码基因的发掘及调控功能的阐明将为生物的遗传育种以及人类重大疾病的干预、防治及药物研究等提供全新的思路与技术，在医学和农业中有巨大应用价值。例如，非编码RNA在各种细胞中的异常表达可作为肿瘤早期诊断、分类、分级甚至预后与治疗的新型标志物，一个非编码基因具有促进水稻增产20%以上的潜力。建立基于非编码RNA的疾病分类系统将成为精准医学的核心指标，新的非编码基因和RNA靶向及干预技术在疾病机理、干细胞诱导、动植物品种选育、作物重要农艺性状改良及病害控制等方面有重要应用前景。

世界发达国家对非编码RNA十分重视，提出了多个重大行动计划，如欧盟的"RNA调控网络与健康和疾病"计划，美国的ENCODE计划、"胞外核酸通信计划"（The Extracellular RNA Communication Program），日本的"功能RNA研究项目""哺乳动物基因组功能注释计划"等。在我国《国家中长期科学和技术发展规划纲要（2006—2020年）》中，"非编码核糖核酸的表达调控与功能"被列为基础科学前沿。在国家"十一五"和"十二五"基础研究发展规划中，非编码RNA被作为基础科学前沿领域的重点方向。2005年以来，科技部在973计划和863计划中启动了一批非编码RNA研究项目。2014年，国家自然科学基金委员会也启动了"基因信息传递过程中非编码RNA的调控作用机制"重大研究计划，有力地推动了国内RNA科学的发展，产生了一批具有国际影响的重大科技成果。鉴于非编码RNA研究在生命科学与生物技术中的重要性及其发展趋势，我们建议将非编码RNA领域列入"国家重点研发计划：面向国家战略需求的基础研究"方向，包括新的非编码RNA发现与相关功能鉴定、复杂的生物性状RNA调控机制、RNA结构生物学、疾病RNA组学、RNA与农学、RNA研究新技术等内容。

三、本学科领域的关键科学问题、发展思路、发展目标和重要研究方向

根据国家需求，结合我国的研究基础和国际研究热点及前沿，本书针对RNA研究中的若干基本重大科学问题，重点围绕"非编码RNA在遗传信息表达中的调控功能及机制"这一关键科学问题，集中从以下几个方向开展研究。

1. RNA信息学

在人类等高等真核生物中存在一个隐蔽的"调控RNA世界"，即由数目巨大的非编码RNA组成了细胞中一个尚未被人们所完全发现的RNA调控网络。如何在海量的生物数据中系统地、大规模地识别和鉴定各种非编码RNA及其基因的结构、进化、功能和调控机制是该领域的关键科学问题。

围绕上述关键科学问题，发展针对非编码RNA的信息学理论和算法，包括非编码RNA鉴定的数学模型、非编码RNA调控网络建模和数学描述等；开发基于多维高通量生物数据的非编码RNA的识别和功能解析生物信息学技术体系；建立基于超算平台的国际领先的非编码RNA知识库和分析平台，为国内非编码RNA的功能研究和转化应用提供新的资源。

该领域的前沿方向包括：①构建针对非编码RNA结构和功能预测的算法、数学模型、数据库和分析服务平台；②系统发掘新的非编码RNA基因资源和解析非编码RNA的调控网络功能；③开发基于非编码RNA的临床和农业等转化应用生物信息技术平台。

围绕"非编码RNA的结构与功能调控网络"这一前沿关键科学问题，发展一系列生物信息学理论与方法，从多维高通量的数据中挖掘出非编码RNA的全局特性，并通过整合这些特性形成对非编码RNA的整体认识，揭示人类等高等真核生物中的"调控RNA世界"。同时，通过对非编码RNA信息学的研究的持续资助，实现以下发展目标：①在非编码RNA的鉴定方面，建立一系列突破性的计算机算法和数学模型去发现新型的非编码RNA；②构建新的计算RNA组学理论和技术体系去解析各种非编码RNA功能和调控网络；③开发新的算法和技术以发掘一批可用于人类重要疾病诊断和治疗的非编码RNA标志物；④建立国际先进的非编码RNA知识库和可视化交互的RNA组学分析平台，解决目前面临的海量数据分析的瓶颈问题，形成一体化的技术分析路线以快速发现非编码RNA相关的新药分子或作用靶标。这些目标的实现将推动国内非编码RNA相关的生物信息学理论与方法的快速发展，提高我国在非编码RNA信息学这一研究方向上的领先地位。

2. RNA生成、加工和降解

RNA生成、加工和降解的研究主要包括RNA的加工修饰、转运定位、降解调控和功能机制等方面，是了解RNA代谢和如何发挥功能的关键。虽然相关研究在过去几十年中积累了大量知识，取得了一系列重要进展，但新机制和新理论仍然不断涌现，特别是近年来大量非编码RNA的发现，给RNA的代谢和机制研究带来了新的挑战和机遇。越来越多的研究提示我们，RNA世界的复杂度远远超出我们原有的认识和预期，该领域中尚存在大量重要的基础性的科学问题亟待解答。今后重点的研究方向包括：① RNA的剪接调控机制；② RNA的修饰及其调控机制；③ RNA 3'末端的选择性多聚腺苷酸化调控；④ RNA 的转运定位及其调控机制；⑤ RNA 稳定性的调控机制；⑥ 小 RNA 的作用机制；⑦ lncRNA 的作用机制。

对 mRNA 生成、加工、降解和调控机制的研究在国际上已经有了长期的积累。近五年来，越来越多的研究发现真核生物基因组可产生大量具有功能的 lncRNA，但目前国内外对 lncRNA 的产生、加工、降解及其功能机制的研究尚处于起步阶段。lncRNA 与 mRNA 虽然在一级结构上存在类似之处，但在高级结构、加工、定位、代谢和发挥功能的机制方面都存在极大的区别，许多基本现象需要从头观察阐明，要开放思路灵活运用新技术建立新的研究方法，并大胆创新地提出新的基础理论。在非编码小 RNA 研究领域，miRNA 和 siRNA 发现后的十多年来，国内外对其代谢和作用机制的研究已取得了许多进展，但一些重要的机理性问题也还有待解决。同时，新类型的非编码小 RNA 仍不断被发现，它们的代谢和作用机制都还没有得到深入研究。因此，未来该领域应着重发现新类型 RNA 的调控理论，探索 RNA 自身代谢调节缺陷和功能异常引发疾病的相关机理，从而推动整个 RNA 领域的蓬勃发展。国内在 RNA 代谢和功能机制方面的研究团队已经具有较高的国际影响力，创造新的 RNA 研究领域和产生重大的理论突破是未来发展的目标。

3. RNA 生理与遗传

该领域的前沿性关键科学问题为"决定细胞分化、增殖与凋亡和相应生物学过程的非编码 RNA 调控"，主要包括以下两个方面：① 在生物体究竟存在多少种非编码 RNA？这些非编码 RNA 是如何在特定的生理和遗传过程中发挥作用的？非编码 RNA 的生成（包括转录、转录后加工、修饰）和降解是如何在生理和遗传过程中调控的？② 非编码 RNA 调控细胞分化、增殖与凋亡和相应生物学过程的生理及病理功能机制？非编码 RNA 在物种进化及遗传过程中的作用？虽然目前对一些非编码 RNA 的功能机制已有所了解，但绝大多数非编码 RNA 的生理功能与作用机制尚待阐明。

为了培育国内非编码 RNA 研究，使中国科学家在相关国际研究领域更具竞争力，我们有必要在国内制订一些长期战略性规划以建立竞争优势，包括共享和分配资源、针对重大科学问题和国家需求的挑战部署研究力量，为此我们有如下建议：①建立一个国内资源库，用于收录和整合从不同生物体系中鉴定的非编码 RNA 数据和信息；②通过国内实验室间的合作以及与生物医学企业联手，研发关键试剂及相关产品，如针对已知非编码 RNA 的 shRNA 文库和基于 CRISPR 系统的 gRNA 文库；③建立一套共享机制或体制，使科研人员之间能共享软件和硬件资源，包括关键试剂，方便大家在不同生物学体系中开展非编码 RNA 功能与机制的研究；④精选一批国家重大需求研究领域，如干细胞、细胞重编程及转分化、神经退行性疾病、癌症，以及代谢、生殖及免疫相关疾病等，通过顶层设计，组织合作研究，系统性地研究 RNA 及其相关蛋白质复合物的功能和作用机制，并研发新型治疗方法；⑤建立新的经费资助机制，对具有在相关研究领域取得重大学术突破潜力的特定科学家进行及时和长期稳定的支持。

最后，需要强调的是，旨在探索作用机理和揭示新概念的基础研究也应成为以上所有努力方向的一个重要组成部分。

当前非编码 RNA 生理和遗传的前沿性研究问题主要包括：各类细胞中非编码 RNA 的种类与数量？非编码 RNA 如何产生、修饰与定位？非编码 RNA 的表达调控、非编码 RNA 的功能及与疾病的关系、RNA-蛋白质相互作用和调控机制如何？围绕上述这些前沿性科学问题，可应用多种模式生物及各种细胞模型，结合各类先进技术方法，着重进行以下几方面内容的研究：① 新非编码 RNA 发现、全基因组表达谱分析与相关功能鉴定；② 非编码 RNA 产生过程调控及其与细胞生命活动的关系；③ 非编码 RNA 决定细胞命运与生理功能过程的调控机制；④ 非编码 RNA 与物种进化及进化过程中物种间的相互关系；⑤ 非编码 RNA 参与获得性遗传的功能及机理。

该研究方向将围绕"决定细胞分化、增殖与凋亡和相应生物学过程的非编码 RNA 调控"这一前沿性关键科学问题，开展 RNA 生理与遗传功能机制研究，力争使我国在非编码 RNA 这一科学前沿领域取得针对性的突破并快速积累系统性研究资源与人才，既能跻身于国际先进行列，又能为人民健康等国家重大需求做出贡献。此外，飞速发展的非编码 RNA 研究，将以全新的、不同于经典编码蛋白质的基因的角度与方式来诠释包括人类在内的各生物基因组，从而能够更全面地在基因表达调控水平揭示决定细胞命运（包括细胞的分化、增殖与凋亡），以及个体的生殖、发育和遗传等的分子机制，最终将促进阐明各种复杂生命现象，并为重大疾病的干预、防治及药物靶点研究等提供全新的思路与技术。

4. RNA 结构生物学

RNA 分子在生命活动中发挥多种功能，包括编码蛋白质、调控基因表达和催化化学反应。许多 RNA 的功能是以其精细的三维结构为基础的。RNA 结构生物学以 RNA 及其复合物的三维空间结构为核心研究内容，在原子水平揭示 RNA 功能和代谢的分子机制。自从 1974 年解析了第一个 tRNA 结构后，我们对 RNA 结构的认识已经取得了重要进展。许多核酶、核糖开关、核糖体、剪接体及大量 RNA-蛋白质复合物的高分辨率结构已经得到解析。

该领域的关键科学问题包括：①RNA 的结构类型和折叠原理；②蛋白质识别 RNA 的方式和原理；③大型 RNA-蛋白质复合物的结构；④RNA-蛋白质复合物在体内的组装过程。目前该领域重要的问题包括研究非编码 RNA 加工、运输、代谢、功能相关的结构，核糖体和核糖体前体结构，剪接体结构，端粒酶结构，基因编辑相关沉默复合物结构等。

近些年来，中国 RNA 结构生物学研究队伍的数量和实力都有显著的增长。未来的发展目标是：希望通过对 RNA 结构生物学研究的重点支持，经过 5~10 年的努力，集中力量解决若干重要的 RNA 结构问题，在剪接体、核糖体、CRISPR/Cas 复合物和端粒酶等重要 RNA-蛋白质复合物研究上取得重大成果；建立先进的 RNA 结构研究平台，充分利用最新的冷冻电镜技术研究大型复合物结构；培养一批 RNA 结构研究人才，建立有国际影响力的 RNA 结构研究实验室。

5. 非编码 RNA 与医学

该领域的关键科学问题包括：①新的疾病相关非编码 RNA 的系统发现；②疾病相关非编码 RNA 的功能及调控网络；③非编码 RNA 在新药开发及疾病防治中的应用。

人民健康是实现"中国梦"的基础和保障。随着基因组、转录组技术的快速进步，以及生物信息与大数据科学的交叉应用，对疾病和特定患者进行个性化精准诊断与防治成为可能。精准医学是根据每个患者的个人特征量体裁衣式地制订个性化诊断与防治方案，这对于提升疾病诊治与预防的效果，提高人们的健康水平至关重要。医学领域非编码 RNA 研究的总体思路是，以精准医学为导向，以创新预防和精确诊断防治为目标，遵循"从病床到实验室再回到病床"的原则，从临床中发现问题，通过基础研究揭示非编码 RNA 在特定疾病的发生和发展过程中的作用及机制，最后以基础研究的成果指导临床实践；围绕人类重大疾病的预防、临床诊断及防治中的难题，采用体内外模型，筛选和鉴定疾病特异病理状态相关的非编码 RNA 及其相互作用分子，探索其对疾病表型的调控作用及机制，最终阐明疾病中非编码 RNA 的功能及调控网络，加深人们对于疾病发生、发展机制的认识，为疾病的精确诊断和防治提供新的策略。在此基础上，加强与临床应用紧密相关的非编码 RNA 药物的研发及相关药理学研究，加快非编码 RNA 基因资源及技术的临床转化应用，提升我国生物医药领域的持续创新能力。

非编码 RNA 与疾病领域前沿方向主要包括：如何发现与鉴定细胞中与重要疾病相关的非编码 RNA？非编码 RNA 如何调控疾病的发生和发展，其功能及作用机制是什么？疾病相关非编码 RNA 的转录、转运、加工及修饰如何被调控？非编码 RNA 能否用于疾病的诊断及防治,其安全性和效果如何?围绕这些前沿方向,未来非编码RNA医学领域应重点开展以下研究:①新的疾病相关非编码RNA的系统发掘;②非编码RNA调控疾病发生和发展的分子机理;③疾病相关非编码RNA的表达调控机制;④以非编码RNA为基础的转化医学研究;⑤高质量的非编码RNA-疾病整合数据库。

综上所述,围绕"疾病发生发展过程中的非编码RNA的功能及调控网络"这一前沿关键科学问题,以常见疾病为模型,建立一系列创新性的RNA组学研究平台和技术体系,解析一批新的与病理性状相关的非编码RNA的生物学功能及其机制,揭示人类重大疾病中的"RNA调控网络",更全面地阐释疾病的发生机理,发现新的疾病防治靶点。同时,寻找可作为分子标记物的非编码RNA,将非编码RNA应用于疾病诊断、预后与治疗。本方向研究旨在使我国在疾病相关非编码RNA研究领域取得突破性进展,在国际上占有一席之地,为重大疾病的干预及防治提供新的思路与技术,为人口健康等国家重大需求做贡献,并为我国培养一批相关领域的优秀人才。

6. 非编码RNA与农学

目前植物小RNA的生物学功能和作用机制的研究主要集中在模式生物方面,对除水稻外的作物研究较少。植物lncRNA的研究则尚处于起步阶段,有大量重要的科学问题有待回答。关键科学问题包括:①植物中小RNA的作用机制和功能;②植物中lncRNA的作用机制和功能;③决定农作物复杂性状的非编码RNA的功能及其受生物和非生物等环境因素调控的分子机制;④非编码RNA信号在不同物种间传播的功能和机制;⑤非编码RNA在作物育种中的应用基础研究。

围绕该领域的关键科学问题,充分发挥国内已从事相关研究的团队的专业特长,积极开展与其他研究领域(包括植物发育、抗逆、作物育种和植物保护等)专家的合作,建立一个资源共享和分工协作机制，增强植物 RNA 研究领域的综合研究力量，为主要农作物和重要经济作物育种提供理论基础和资源材料。

该领域的前沿方向及研究内容包括：①植物中小 RNA 的作用机制和功能；②植物中 lncRNA 的作用机制和功能；③植物中非编码 RNA 的发现、分类与相关功能鉴定；④植物中非编码 RNA 自然变异的鉴定和利用；⑤植物中不同种类非编码 RNA 之间的相互作用及功能；⑥植物中非编码 RNA 信号在不同物种间传播的功能和机制；⑦植物中非编码 RNA 在分子设计育种和转基因育种中的价值验证和评估。

我们希望通过对植物 RNA 研究的持续资助，经过 5~10 年的发展，实现以下发展目标：①在植物非编码 RNA 的机理研究方面，取得 5~10 项突破性的研究进展；②获得若干个在重要农艺性状形成方面起到重要作用的非编码 RNA；③在非编码 RNA 在改良重要作物农艺性状的应用方面有所突破；④保持和增强我国植物非编码 RNA 的研究水平和实力，扩大 RNA 研究规模，形成一支有各自研究特色、专业特长互补和密切协作的研究团队。

7. 非编码 RNA 研究中的新方法和新技术

非编码 RNA 领域是以技术创新为驱动的高速发展的现代生物学前沿。为满足非编码 RNA 研究高速发展的需求，我们需要建立以非编码 RNA 为核心的新方法、新体系，以解决我们系统深入认识 RNA 世界的最主要的限速步骤。我们预计未来 10 年内亟待解决的非编码 RNA 技术问题包括：①高通量精确解析非编码 RNA 及其各种共价修饰的时空分布和调控机制的技术和研究体系；②研究非编码 RNA 功能的生物物理和生物化学机制的技术；③可视化 RNA 分子探针技术；④非编码 RNA 的应用。

目前针对非编码 RNA 的研究还是主要集中在发现非编码 RNA 基因和鉴定其生物学功能。虽然诸如蛋白质组学、化学生物学、基因组学和生物影像等学科的最新成果为开发针对 RNA 的新技术、新体系提供了大量的知识和技术储备，但非编码 RNA 研究的技术体系还需除借鉴DNA和蛋白质研究方法以外的创新性研究。就这一点而言，国际国内之间的差距不大。而我国在生物物理化学、化学生物学、基因组和功能基因组学各领域都已经具有一定的基础，在某些方面甚至具有优势。所以，我国应该抓住这个战略机遇，谋求在非编码RNA这个新兴领域的起始阶段取得创新性成果，争取领先优势。为此，我们需要大力促进学科交叉，培育多方面人才研究和应用非编码RNA。

该领域的前沿方向包括：①开发新的功能基因组技术和研究体系，解析非编码RNA及其各种共价修饰的功能和调控机制；②开发以非编码RNA为中心的生物化学生物物理技术，研究非编码RNA的结构和与其他生物大分子相互作用的机制；③开发可视化活细胞RNA分子探针的技术，探索非编码RNA表达、转运及定位与正常生理和疾病发生发展的关系；④利用非编码RNA的性质和功能，建立促进基础和应用研究的新技术。

围绕上述亟待发展的前沿方向，着重推动以下几方面内容的研究：①高通量准确鉴定非编码RNA时空表达及其调控机制的技术；②定点、定量检测和鉴定非编码RNA转录后加工、修饰、功能和识别蛋白质的方法；③鉴定与解析非编码RNA与生物大分子相互作用的技术；④解析非编码RNA结构的技术；⑤单分子标记和生物影像学方法；⑥开发适合非编码RNA研究的模式生物；⑦开发应用非编码RNA的新技术；⑧研究和应用非编码RNA的新试剂、新仪器。

本研究方向旨在开发研究和应用非编码RNA的新方法、新体系，以期全面深入、系统高效地探索和利用非编码RNA的生物学功能。根据国内科研目前在部分领域的积累和优势，力争经过5年左右的发展，在非编码RNA结构、与蛋白质相互作用、RNA分子标记和单分子影像检测、以非编码RNA为核心的功能基因组学和非编码RNA的应用等多个研究方向建立新的方法和技术。我们还预期开发出一些新的适合于非编码RNA研究的模式生物和试剂仪器。这些方面的进展将有力地提高我国在非编码RNA这一新兴研究方向上的实力，占据科学前沿，提高我国的科技创新能力。同时，以基础科学前沿为目的的方法和技术的创新，往往可以带动科学技术的产业化和商品化，从而创造我国高科技行业新的生长点。

四、总结

纵观非编码 RNA 研究的历史，尽管过去已取得了辉煌成就，比如在 RNA 干扰引起基因沉默机制方面的研究成果获得了诺贝尔奖，但是更多的问题仍然没有答案，尤其是各类非编码 RNA 的功能方面的研究引起了学术界的极大关注。值得注意的是，在非编码 RNA 研究的许多方面，如 lncRNA 的研究，国际上也刚刚起步。这对于中国科学家来说，既是挑战也是机遇。因此，我们建立了以从事 RNA 相关研究的院士及中青年科学家为主的 RNA 战略研究专题组，集中于非编码 RNA 分子机理和对细胞命运的调控方面，凝练重大科学问题，提出新概念和新思路，并对我国 RNA 研究战略部署提出若干建议。

Abstract

1. Scientific significance and strategic value in the field

Non-coding RNAs (non-protein-coding RNAs, ncRNAs) is one of the most active research frontiers in life sciences. In the past two decades, the discovery of a bunch of ncRNAs and the elucidation of their function indicated the vital roles of ncRNA genes in the expression and regulation of genetic information. The structural and functional diversity of ncRNAs, from regulatory role to biological catalytic activity, not only greatly broadens and innovates our understanding of many basic biological concepts, but also shows the potential application of RNA technology in life sciences, agricultural and medical researches.

After the Human Genome Project, "The Encyclopedia of Human DNA elements" (ENCODE) project which aims to dissect the non-coding DNA sequences and other studies revealed that the genomes of human and other eukaryotes encompass a large number of unknown ncRNA genes. The research of these genes is the important areas in the post-genomic era, as it would reveal a brand new RNA-mediated regulatory network of genetic information expression and annotate and elucidate the structure and function of genomes from an angle that is different from protein-coding genes. The genomes of eukaryotes are regarded as highly structured RNA machineries. Different from "the genetic code" for proteins, ncRNA genes, the "Dark matter" in the genomes, are referred to as "the second genetic code".

ncRNAs have been at the leading edge of different aspects in life sciences. Recent studies suggest that, although ncRNAs do not encode proteins, they participate in all levels of life activities acting as organizer of protein machinery or regulator. For example, ncRNAs play an irreplaceable role in nearly all important life processes such as stem cell maintenance and differentiation, embryonic development, autophagy and apoptosis of cells, biochemistry and metabolism, signal transduction, epigenetic and acquired inheritance, infection and immune response. They are also closely implicated to the initiation and progression of human diseases, such as malignant tumors, cardiovascular and neurological diseases. The in-depth research of ncRNAs is revealing a widespread cell function network and signal transduction mechanism of RNA-protein interaction, coordination, and illuminating the origin and evolution of life. Meanwhile, ncRNAs, regarded as the core indicators of human health big data and precision medicine, termed RNA index, will provide innovative conception and technologies for the diagnosis, intervention, prevention and drug research of human diseases.

2. The characteristics, developmental rules and trends in the research field

1) ncRNAs are the new frontier of gene sciences

With the completion of the Human Genome Project, it has been surprisingly find out that non-protein coding regions are far larger ($>98\%$) than protein-coding ones in the human genome. Thus numerous ncRNA genes are expected to be discovered after. In 2005, 125 challenging questions of the century were raised by Science journal, among which "Why do humans have so few genes" ranked third. In 2010, the Science journal proposed that ncRNAs were the "dark matter" in the genome. Thousands of ncRNAs have been predicted so far, but they are only a tip of the iceberg. Therefore, how to break the limit of existing theories and methods to discover new ncRNAs and their functions has been become the frontier of the life sciences.

2) ncRNAs play a leading role in the life sciences

The studies of ncRNA not only help to fully annotate the genome composition of organisms such as human by discovering plenty of new genes, it might also reveal a novel RNA-directed regulatory network and the origin and evolution mechanism of life. Currently, ncRNAs are found to be involved in almost all physiological and pathological processes in animals and plants, such as embryonic development, stem cell maintenance, cell differentiation, metabolism, signal transduction, immune response, neural growth, biological stress, cancer and aging. As the physiological and genetic core regulation factors, ncRNAs take part in the determination of cell functions and fates and are the molecular basis of epigenetic regulation of complex life traits. The study of ncRNA biological functions and mechanisms would have an impact on various fundamental fields of life sciences including genetics, physiology, immunology, cell biology, neurobiology, etc. It will enhance the rapid development of the life science area.

3) ncRNAs represent new gene resources and biotechnology

As genetic resource, ncRNA genes have an equal value as protein genes. The mining of massive ncRNA genes and elucidation of their regulatory functions would provide novel ideas and techniques for genetic breeding and the intervention, control and drug research of human serious diseases. It is also worth in medicine and agriculture. For instance, aberrant ncRNA expression in cells can serve as novel tumor biomarks in early diagnosis, classification, grade and even prognosis and therapy; a miRNA gene could have the potential to increase rice production by over 20%. It will become a key index of Precision Medicine to create a disease classification system upon ncRNAs. Novel ncRNA genes, RNA targeting and intervention technology would have potential in disease control, stem cell induction, variety breeding, agronomical trait improvement of crops etc.

The developed countries of the world have proposed a number of impotent plans, such as the "RNA regulatory network and health and disease" program from EU, "Encyclopedia of DNA elements", namely ENDODE and "Extracellular nucleic acid communication program" from USA and "Functional RNA research program" and "Mammalian genome function annotation program" from Japan. In our country's long-term science and technology development plan (2006—2020), "The expression regulation and function of noncoding RNA" is presented as a frontier of basic sciences. In the national basic research and development plan from "11th five-year" to "12th five-year", the ncRNA is regarded as the key area of the basic sciences. Since 2005, the National ministry of science and technology launched a number of ncRNA projects in the 973 program and the 863 program. In 2014, the National natural science foundation of China (NSFC) has also launched a major plan, namely "Regulatory mechanism of ncRNAs in genetic information transmission", which is a strong impetus to the development of RNA science in China. In view of the importance and the development trend of ncRNA in the life sciences and biotechnology, we strongly suggest that the field of ncRNA should be considered to include in the "National key research and development program: Basic researches that face the demands of national strategies", including novel ncRNA structure and function, RNA regulatory mechanism in complicated biological phenotype, RNA structural biology, disease RNomics, RNA and agriculture, novel technologies of RNA research and so on.

3. Key scientific issues, developmental scheme, objective and important research directions in the field

According to the demands of national development, combined with our research basis and international science hotspots and frontiers, the report aims to investigate key scientific issues of regulatory function and mechanism of ncRNA in genetic information expression, followings are the major focuses:

1) RNA Informatics

A hidden "regulatory RNA world" exists in the human and other eukaryote genomes. It is a regulatory network which was composed of a large number of ncRNAs and has not been completely discovered. The key scientific issues in ncRNA field are how to systematically and comprehensively identify various ncRNAs and their structures, evolutions, functions and regulatory mechanisms from high-throughput biological data.

To handle the key scientific issues discussed above, it is essential to develop the informatics theories and computational algorithms, such as mathematical model for the identification of ncRNAs and for the construction of regulatory networks of ncRNAs. We should develop novel bioinformatics methods to predict ncRNAs and infer their functions from multi-dimensional high-throughput biological data, and build the international advanced knowledge databases and platforms of ncRNAs that were deployed in super-computers. They will provide new resources for the functional research and translational applications of ncRNAs.

Active research topics in the field of ncRNAs:

(1) Developing new algorithms, mathematical models, data-

bases and platforms for structure and functional prediction of ncRNAs.

(2) Systematically explore ncRNAs to discover potential gene resources and infer the functions of regulatory networks of ncRNAs.

(3) Developing bioinformatics platforms for translational applications of ncRNAs in clinic and agriculture.

To dealing with the key scientific issue, "Structure and regulatory networks of ncRNAs", we must develop a series of informatics theories and technologies. We can also get the global properties of ncRNAs through mining the multi-dimensional biological data, and form a new insight into ncRNAs by integrating their properties and reveal the "regulatory RNA world" in the eukaryotes. In the meanwhile, under sustained funding for the research on bioinformatics of ncRNAs, we hope for achieving the goals below: ①Build a series of breakthrough algorithms and mathematical models to discover new classes of ncRNAs. ②Put forward new computational theory and technology system of RNomics to analyze the functions and regulatory networks of various ncRNAs. ③Developing new algorithms and technologies to discover a batch of ncRNA biomarkers for diagnosis and treatment of diseases. ④Build international advanced knowledge databases and analysis platforms to correctly analyze high-throughput biological data and to discover new ncRNAs as potential therapeutic targets. If these goals are achieved, they can definitely promote the quicker development of the theories and technologies of bioinformatics about ncRNAs, and widen the leading advantages of domestic bioinformatics.

2) RNA biogenesis and degradation

Studies on the mechanisms of RNA processing, modification, translocation and degradation are the keys to understanding the metabolism and functions of RNAs. Although RNA biogenesis and degradation have been studied for decades, new findings and theories constantly arise, suggesting that the complexity of RNA world goes far beyond our previous understanding and posing new challenges, as well as opportunities, to the scientists working in this field. There are many fundamental scientific questions need to be solved in the future, including:

(1) Mechanisms and regulation of RNA splicing;
(2) Functions and mechanisms of RNA modification;
(3) Mechanisms of RNA alternative polyadenylation;
(4) Regulatory mechanism of RNA translocation;
(5) Regulatory mechanism of RNA stability;
(6) Functions and mechanisms of small RNA;
(7) Functions and mechanisms of lncRNA.

Over the past five years, mounting evidence suggests that eukaryotic cells express a large number of lncRNAs, a significant amount of which may have important biological functions. However, the studies of biogenesis, degradation and regulatory mechanisms of lncRNAs are still in its infant stage. Although mRNAs and lncRNAs share similar features in their primary sequences, they have distinguished mechanisms in the processing, modification, translocation and degradation. New strategies and methods have to be developed to unveil such mysterious and to establish new theories. On the other hand, knowledge of small RNAs which were not discovered until the last decade is also expanding very quickly; however, a number of fundamental mechanistic questions remain elusive. Meanwhile, new types of small ncRNA with unknown functions are continuing to emerge. Therefore, discovering novel RNA species and elucidating their regulatory roles, as well as revealing the relations between human diseases and the defects in RNA metabolism or function, will be the most important research trends in the future. Investigation in these aspects will not only provide unprecedented opportunity for generating breakthroughs in RNA researches, but also for curing human diseases, with RNA serving either as the targets or the tools. Seizing the chance, RNA biologists in China have a great chance to take the leading positions during this wave of RNA World exploration.

3) The biological function of ncRNAs in physiology and genetics

The key and frontier question in this area is "the ncRNA determinants to cell differentiation, proliferation, apoptosis, and relevant biological processes". Two major issues are:

(1) How many species of ncRNAs in organisms? How a specific ncRNA plays roles in a defined physiological or genetic process? How the biogenesis (including transcription, posttranscriptional processing and modification) and degradation of ncRNAs are regulated in physiological and genetic processes?

(2) What are the molecular mechanisms of ncRNAs in regulating cell differentiation, proliferation, apoptosis, and relevant physiological and pathological processes? The function of ncRNAs in evolution and genetics? Recent studies have revealed the function and mechanism of a small number of ncRNAs. Nevertheless, what and how the large body of other ncRNA function remain largely unclear.

In order to foster research of non-coding RNA in China and for Chinese scientists to compete at the world stage, it is important to develop some long-term strategies to establish competitive edge in the nation, including resource allocation and development of some organized efforts that focus on key scientific questions and challenges in national demand. Based on numerous formal and informal discussions within the scientific community in China, we proposed to consider the following suggestions:

(1) Creating a national resource for identification and data integration of ncRNAs identified in various biological systems.

(2) Developing key reagents, such as shRNA libraries against identified ncRNAs and gRNA libraries for CRISPR system, through collaboration between national laboratories and private enterprises.

(3) Establishing mechanisms for individual researchers to get access to both software and hardware, including key reagents, to study the function and mechanism of ncRNA in diverse biological processes.

(4) Selecting a number of research areas that are of vital national interest to conduct organized research, such as stem cell reprogramming, neurodetergenerative diseases, cancers, metabolic diseases, infertility, and immune responses, structural studies of RNA-containing macromolecular machineries, and development of new therapeutic approaches.

(5) Creating new funding mechanisms for individual scientists to obtain support in a timely manner based on their new discoveries that show great potentials to lead to major breakthroughs.

It is also important to emphasize that basic research aiming at understanding the mechanisms and uncovering new concepts ought to be a key part of all of these efforts. The main frontier questions about the physiology and genetics of ncRNAs include: the species and levels of ncRNAs in various cells? How ncRNAs are generated, modified and translocated to a specific subcellular location? How expression of ncRNAs is regulated? What are the physiological and pathological roles of ncRNAs? How ncRNAs-protein complexes are assembled and regulated? Various organism and cell culture modes and advanced technologies will be employed to address the above frontier questions. The following issues should be mainly considered:

(1) The discovery of new ncRNAs, global expression profiling, and their function.

(2) The regulation of ncRNA biogenesis and its connection to various cellular activities.

(3) The regulatory mechanisms of ncRNAs in determining cell fate and physiological processes.

(4) The function of ncRNAs in evolution.

(5) The function and mechanisms of ncRNAs in Lamarckian Inheritance.

This direction will focus on the study of "the ncRNA determinants to cell differentiation, proliferation, apoptosis, and relevant biological processes". The obtained results will provide new avenues to address fundamental questions in biology and develop new therapeutics against human diseases. Developing a prominent national RNA research program is thus of vital national and international interest and significance.

4) RNA structural biology

The RNA molecule plays diverse roles in life, including protein coding, gene regulation and catalysis. Many functions of RNA are based on its intricate three-dimentional structure. RNA structural biology investigates the three-dimentional structure of RNA and its complexes, revealing the function and mechanism of RNA at the atomic level. Since the first tRNA structure was determined in 1974, our understanding of RNA structure has advanced significantly. High resolution structures are now available for most of ribozymes and riboswitches, the ribosome, the spliceosome and many RNA-protein complexes involved in diverse processes.

The key questions in the RNA structural biology field include:

(1) Structural type and folding principle of RNA;

(2) Principles in protein-RNA recognition;

(3) Structure of large RNA protein complexes;

(4) Biogenesis of RNA protein complexes.

Hot research areas include structural analysis of molecules involved in processing, transport, metabolism and function of ncRNA, the ribosome and pre-ribosomes, the spliceosome, telomerase and CRISPR-Cas complexes.

The Chinese community studying RNA structure is growing rapidly and strongly in recent years. Under strong funding support, the objective for the next 5-10 years is to solve a number of important structures, such as splieosomes, ribosomes, CRISPR-Cas complexes and telomerase. The state-of-art electron microscopy will be the key technique in these efforts. Additional goals are to train more talents and to establish a few leading laboratory in RNA structural biology.

5) ncRNAs and medicine

Key scientific issues in this field include:

(1) Systematic discovery of new disease-related ncRNAs.

(2) Functional and regulatory networks of disease-related ncRNAs.

(3) Application of non-coding RNAs in drug development and in prevention and therapy of diseases.

Public health is the basis and guarantee for the realization of Chinese dream. Rapid progresses in the genomic, transcriptomic and bioinformatic technologies facilitated the efficient analysis and interpretation of Big Data and therefore make it possible to realize the personalized precise diagnosis and treatment of disease. Precision medicine, which is an approach that enables precise medical diagnosis and treatment strategies for each patient based on individual characteristics, is crucial for improving the health outcomes and quality of life. The general ideas for non-coding RNAs studies in the field of medicine are outlined as follows: Guided by precision medicine, following the goal of innovative prevention and precise diagnosis and treatment, based on the principle of "from bedside to bench and back to bedside", the scientists should identify scientific questions from patient's bedside, elucidate the role of non-coding RNAs and its underlying mechanisms in disease through basic research, and finally apply the results from basic research to guide clinical practice. In particularly, focusing on the fundamental challenges in the prevention, diagnosis and treatment of major human diseases, using *in vivo* and *in vitro* models to screen and characterize new disease-related non-coding RNAs and their interacting molecules, to explore the effects of these non-coding RNAs on the phenotypes of diseased cells and their underlying mechanisms. These efforts will result in clarification of the functional and regulatory networks of disease-related non-coding RNAs, deeper understanding of disease development, and availability of new strategies for precise diagnosis and treatment of diseases, discovery of non-coding RNA-based drugs, clinical application of non-coding RNAs and the related technologies, and the enhanced innovative capability of China in biopharmaceutical field.

The frontier topics in the field of non-coding RNA and precision medicine include: how many types of non-coding RNAs are involved in disease? What are the functional and regulatory mechanisms of the diseases-related non-coding RNAs? How the transcription, transportation, processing, and modification of disease-related non-coding RNAs are regulated? Can non-coding RNAs be used for disease diagnosis and prevention and how about the safety and efficacy? To answer these questions, future studies should be focused on:

(1) Identification of new disease-related ncRNAs.

(2) The roles and regulatory mechanisms of ncRNAs in disease development.

(3) The regulatory mechanisms underlying the expression of disease-related ncRNAs.

(4) ncRNA in translational medicine.

(5) High qualified integrated data banks for non-coding RNAs and diseases.

In summary, centering on "RNA regulatory network in major human diseases", the future investigations should establish a series of innovative "omic" research platforms and technologies for non-coding RNAs, disclose the biological functions and the underlying mechanisms of the non-coding RNAs, unveil the RNA regulatory networks in major human diseases, provide comprehensive interpretations for the pathogenesis of diseases, and identify new therapeutic targets and biomarkers for disease diagnosis or prognosis prediction. The aims of studies on non-coding RNA and medicine is to make breakthrough progresses in the disease-related non-coding RNAs and to lead this field worldwide, to provide significant insights into approaches for therapeutic interventions of serious diseases, to make contributions to public health and national major requirements, and to train a number of experts in the related fields.

6) ncRNAs and Agriculture

The current mechanistic and functional studies of sRNAs in plants are mainly focused on model systems, whereas those in crops are less understood. Research on plant lncRNAs is still in its infancy, and many key questions remain to be answered. These include:

(1) Mechanisms and functions of sRNAs in plants;

(2) Mechanisms and functions of lncRNAs in plants;

(3) Functions of ncRNAs that determine the complex traits of crops and the molecular mechanism of its regulation under biotic and

abiotic conditions;

(4) Mechanisms and functions of ncRNAs as communication signals between plant species;

(5) Application of ncRNAs in crop breeding.

To address these questions, the specialties of related teams need to be integrated and a platform to be set up for cooperating with teams from other research areas including plant development, stress response, plant breeding and crop protection. This shall strengthen the research effort on plant ncRNAs.

The frontiers and directions in this research field include:

(1) Mechanisms and functions of sRNAs in plants;

(2) Mechanisms and functions of lncRNAs in plants;

(3) Identification and characterization of ncRNAs in plants;

(4) Natural variations of ncRNAs;

(5) Interactions between different ncRNAs;

(6) Mechanisms and functions of ncRNAs as communication signals between plant species ;

(7) Assessment of the value of ncRNAs in molecular design and transgenic breeding.

With sustained financial support on plant ncRNA research, we wish to achieve the following goals over the next five to ten years:

(1) Five to ten breakthrough findings in the mechanisms of ncRNAs;

(2) Identification of several ncRNAs important for agronomic traits;

(3) Significant progresses on the application of ncRNAs in the improvement of agronomic traits;

(4) Building a capable troop for plant ncRNA research.

7) Novel methods and technology of ncRNA research

ncRNA study a promising frontier of modern biology driven by technology innovation. To support the accelerating development of ncRNA studies, we need ncRNA-centered novel methods and systems to solve the rate-limiting step of our comprehensive and systematic understanding of RNA world. We expect the most needed ncRNA-related technology in next 10 years include:

(1) High-throughput technology and systems to accurately decode temporal-spatial distribution of ncRNAs and their covalent modification and underlying regulatory mechanisms;

(2) Technology to investigate biochemical and biophysical mechanisms underlying ncRNA function;

(3) Visualized RNA molecular probes;

(4) Application of ncRNA.

Current ncRNA studies largely focus on identification of ncRNAs and their biological function. Although latest achievements in related fields, including protein, DNA, chemical biology, genomics and bioimaging, have provided a large amount of knowledge and technology reservoir to facilitate developing novel technology and system for RNA studies. Nevertheless, there are very few RNA-centered technology or methods both domestically and internationally. Actually China has established biophysics, biochemistry, chemical biology, genomics and functional genomics, some of which even are at cutting edge globally. So we should take advantage of this strategic opportunity, manage to achieve some breakthrough in the emerging field, and establish our advantage. Therefore, we need to encourage interdisciplinary interaction, attract scientists from various fields to study and apply ncRNAs.

The frontier of this field includes:

(1) Develop novel functional genomics technology and systems to decode temporal-spatial distribution of ncRNAs and their covalent modification and underlying regulatory mechanisms;

(2) Develop ncRNA-centered biochemical and biophysical technology to investigate ncRNA structure and the mechanism underlying their interaction with other biological macromolecules;

(3) Develop visualized RNA molecular *in vivo* probes to explore the expression, transportation and location of ncRNA and their role in physiology and disease development;

(4) Develop ncRNA-based novel technology for basic and applied researches.

Based on above frontiers, emphasize these studies:

(1) High-throughput technology to accurately reveal temporal-spatial expression of ncRNAs and underlying regulatory mechanisms;

(2) Localized or quantitative methods for examination and identification of post-transcription processing, modification, faunction and recognition proteins;

(3) Technology to reveal and analyze interaction between ncRNAs and biological macromolecules;

(4) Technology to solve ncRNA structure;

(5) Single-molecule labelling and bio-imaging methods;

(6) Develop model organisms for ncRNA studies;

(7) Develop novel technology utilizing ncRNAs;

(8) Novel reagent or devices to study or utilize ncRNAs.

This section aims to developing novel methods and systems to study and utilize ncRNAs in order to systematically and efficiently explore and utilize the biological function of ncRNAs. In light of current bases and advantage in some related fields in China, we can strive to develop novel methods and technology in several research fields, such as ncRNA structure, RNA-protein interaction, Single-molecule labeling and bio-imaging, ncRNA-centered functional genomics, application of ncRNA, and etc. We also expect some novel model organisms, reagent or devices for ncRNA investigation. These progresses will dramatically facilitate our research in this emerging field, claiming scientific frontiers, and improving the capability of innovation in China. In addition, innovation of methods and systems for frontiers of basic research frequently accelerate industrialization and commercialization of science and technology, and then bring up new growth points of science and technology industry.

4. Conclusion

Since the discovery of gene silence mechanism by RNA interference won the Nobel Prize, the structural and functional diversity of ncRNAs has aroused great concern in the life sciences. It is worth noting that many fields of the RNA research, for instance, long ncRNAs have just begun and it is a challenge and at the same time an opportunity for Chinese scientist. The working group of the project is composed of academicians and young and middle-aged scientists. Focused on the research of molecular mechanism of ncRNA and the regulation of cell fate, we attempt to define major scientific problems, put forward new concepts and ideas for developing, and raise several proposals for RNA research strategy of China.

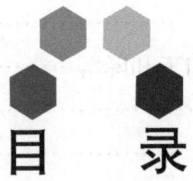

目 录

总序 ··· i
前言 ··· v
摘要 ··· ix
Abstract ··· xxiii

第一章 RNA 研究的科学意义与战略价值 ················· 1

第二章 RNA 研究的发展规律与研究特点 ················· 5

第三章 RNA 研究的发展现状与发展态势 ················ 11

第一节 国际非编码 RNA 研究的规划和布局 ················ 11
第二节 我国非编码 RNA 研究的规划和布局 ················ 12
第三节 国内外研究成果计量分析 ······························ 15
  一、成果所属国家分析 ······································· 16
  二、成果所属机构分析 ······································· 18
  三、资助机构分析 ··· 19
  四、高被引论文分析 ··· 20
第四节 我国论文发表情况 ·· 23
第五节 总结 ··· 27

第四章 RNA 研究的发展思路与发展方向 ················ 28

第一节 RNA 信息学 ·· 29
  一、概述 ··· 29
  二、关键科学问题 ··· 32
  三、发展思路 ·· 32
  四、前沿方向及研究内容 ··································· 32
  五、发展目标 ·· 35

六、我们的优势 ……………………………………………… 35
第二节　RNA生成、加工和降解 ……………………………… 38
一、概述 …………………………………………………… 38
二、关键科学问题 ………………………………………… 42
三、发展思路 ……………………………………………… 43
四、前沿方向及研究内容 ………………………………… 43
五、发展目标 ……………………………………………… 55
六、我们的优势 …………………………………………… 55
第三节　RNA生理与遗传 ……………………………………… 58
一、概述 …………………………………………………… 58
二、关键科学问题 ………………………………………… 65
三、发展思路 ……………………………………………… 65
四、前沿方向及研究内容 ………………………………… 66
五、发展目标 ……………………………………………… 67
六、我们的优势 …………………………………………… 67
第四节　RNA结构生物学 ……………………………………… 69
一、概述 …………………………………………………… 69
二、该领域的关键科学问题 ……………………………… 73
三、发展思路 ……………………………………………… 74
四、前沿方向及研究内容 ………………………………… 75
五、发展目标 ……………………………………………… 77
六、我们的优势 …………………………………………… 77
第五节　非编码RNA与医学 …………………………………… 78
一、概述 …………………………………………………… 78
二、关键科学问题 ………………………………………… 81
三、发展思路 ……………………………………………… 81
四、前沿方向及研究内容 ………………………………… 82
五、发展目标 ……………………………………………… 84
六、我们的优势 …………………………………………… 84
第六节　非编码RNA与农学 …………………………………… 87
一、研究背景 ……………………………………………… 87
二、关键科学问题 ………………………………………… 90
三、发展思路 ……………………………………………… 91

四、前沿方向及研究内容 …………………………………… 91
　　五、发展目标 ……………………………………………… 93
　　六、我们的优势 …………………………………………… 93
第七节　非编码 RNA 研究中的新方法和新技术 …………………… 95
　　一、概述 …………………………………………………… 95
　　二、关键科学问题 ………………………………………… 103
　　三、发展思路 ……………………………………………… 104
　　四、前沿方向及研究内容 ………………………………… 105
　　五、发展目标 ……………………………………………… 108
　　六、我们的优势 …………………………………………… 108

第五章　资助机制与政策建议 …………………………………… 110

参考文献 ……………………………………………………………… 111

附录　缩略词 ………………………………………………………… 141

关键词索引 …………………………………………………………… 143

第一章
RNA 研究的科学意义与战略价值

在生物基因组中存在两类基因，即编码蛋白质的基因和不编码蛋白质的基因（简称为非编码基因）。非编码基因是与编码蛋白质的基因具有同等价值的遗传新资源。非编码基因是生命基因组中的"暗物质"，由于它的结构完全不同于编码蛋白质的基因，因此也被称为基因组中的"第二套遗传密码"。不编码蛋白质的基因可以产生大量的非编码 RNA，根据结构与功能可对其进行科学分类和系统命名，如 tRNA、rRNA、snRNA、snoRNA、siRNA、miRNA、piRNA 和 lncRNA 等。非编码 RNA 是当今生命科学发展最为迅速的前沿领域之一，它不断更新人们对生命本质的认识，引领生命科学向纵深发展，并正在酝酿着现代生命科学及技术方面新的重大突破，为生物遗传育种及人类重大疾病的干预、防治和药物研究等提供全新的思路与技术。

非编码 RNA 是由基因组转录产生的一类不同于 mRNA 的遗传信息分子，tRNA 和 rRNA 都是最早发现的非编码 RNA。然而，长期以来，根据分子生物学中心法则，人们一直认为生命本质和遗传多样性取决于蛋白质的种类及数目，RNA 仅仅是遗传信息传递的中间分子。21 世纪初，以"人类基因组计划"为代表的系统化研究揭示出：编码蛋白质的基因数目远远小于预期的 10 万个，只有大约 2 万个，约占人类基因组序列的 2%，而其余 98% 的基因组序列为不编码蛋白质的序列，被称为基因组中的"暗物质"，其中隐藏着数目巨大的非编码基因。针对"人类基因为什么这么少"的问题和基因组中数目巨大而功能未知的非蛋白质编码区，美国和欧洲分别启动了以解析非蛋白质编码序列为主要目标的 ENCODE 计划和"RNA 调控网络与健康和疾病"等计划。近年来，ENCODE 计划通过对 147 种细胞的研究，发现大约 80% 的人类基因组序列可以被转录，并从中鉴定出 18 400 个非编码基因 (Consortium，2012；Kellis et al.，2014)。随着高通量组学技术的应用，在以人类为代表的高等哺乳动物中已发现 5 万余种新的 lncRNA 转录本，对非编码 RNA 数目的预测高达数十万种，大大超过已知编码蛋白质基因的数目。显然，在人类等高等生物基因组非编码区中，除了维持基因组结构的序列和基因表达调控元件外，还存在数目巨大的非编码基因。由于与编码蛋白质的遗传密码不同，非编码 RNA 也被称为"第二套遗传密码"，真核生物基因组甚至被认为是一个高度结构化的 RNA 机器（Amaral et al.，2008）。

由于非编码 RNA 没有编码蛋白质的读码框架，且其进化保守性差异较大，因此在基因组的早期研究中难以被发现和鉴定。近年来的研究表明，非编码 RNA 不仅广泛地存在于各种生物中，而且随着生物复杂度的升高，基因组中的非编码序列的比例也相应增大（Mattick，2004），这提示非编码 RNA 在生物遗传多样性及生物进化过程中的重要意义。对真核细胞中非编码 RNA 及其基因系统地发掘和功能研究，正在揭示一个前所未知的"现代 RNA 世界"及其代表的遗传信息类型和表达模式的多样性，从不同于编码蛋白质的基因的角度来注释各种生物基因组的结构与功能，深入阐明生命活动及遗传与进化的本质，并为人类遗传疾病研究和治疗提供新的理论和方法。

近十年来，在人类、动植物和微生物中已发现了大量的具有调控功能的微小 RNA，包括 miRNA（Lee et al.，1993）、siRNA（Fire et al.，1998）、piRNA（Lin，2007）、启动子相关小 RNA（PASR）（Fejes-Toth，2009）、转录终止位点相关小 RNA（TASR）、具有增强子类似功能的 enhancer RNA（eRNA）（Orom and Shiekhattar，2013）、应激诱导 tRNA 衍生的小 RNA（sitRNA 或 tRF）（Li et al.，2008a）和重复序列相关小 RNA（rasRNA）（Brennecke et al.，2007）等。在小 RNA 研究和新的高通量组学技术的带动下，更多的非编码 RNA，特别是大分子非编码 RNA，如 lncRNA（Guttman and Rinn，2012）、circRNA（Memczak et al.，2013），也大量被鉴定出来，有力地证明了细胞中非编码 RNA 的多样性及复杂度，展示了一个生命中"现代 RNA 世界"的雏形。

非编码 RNA 虽然不编码蛋白质，但是以细胞功能体系不可或缺的组织者或调控分子等多种身份参与了重大生命活动的各个层次。每一类新的非编码 RNA 的发现都揭示出一种新的基因表达或细胞调控机制，对生命科学发展产生重大影响。例如，siRNA 的发现，揭示了生命细胞内普遍存在的

RNA干扰体系及机理，并在现代生物医学技术中得到广泛应用，siRNA的发现人也因为发现RNA干扰机理获得了2006年诺贝尔生理学或医学奖。从miRNA对mRNA的翻译抑制到核内lncRNA介导的基因沉默和激活，非编码RNA大大拓宽和更新了人们对遗传信息表达调控的方式及机制的认识。各种非编码RNA被证实在细胞中行使不同的功能，它们参与了包括干细胞维持、胚胎发育、细胞分化、凋亡、代谢、信号转导、表观与获得性遗传、感染及免疫应答等几乎所有生理或病理过程的调控，在细胞的功能及命运决定、基因组稳定性，以及生命新陈代谢和多样性维持中发挥重要的作用；它们的异常表达与恶性肿瘤、心血管疾病、神经系统疾病等人类重大疾病的发生发展密切相关。非编码RNA正在引领生命科学各个领域的发展。基于非编码RNA的重要性，分子生物学、细胞生物学、遗传学、生理学、免疫学和神经生物学等现代生命科学分支都将其作为新的学科增长点。对非编码RNA的深入研究，将揭示一个全新的由RNA介导的遗传信息表达调控机制及网络，并为人类重大疾病的干预、防治及药物研究等提供新的理论与技术。

非编码RNA研究虽然已经取得了重大的成果，但是应该看到人类等高等生物基因组的复杂度及其难以想象的编码能力。新的非编码RNA，特别是新的大分子非编码基因家族的发现和鉴定才刚刚开始，而对各种非编码RNA的调控机制和生物学功能的认识还很初步。目前，人们对许多非编码RNA调控功能及机制的认识还是相当粗浅、零碎和片面的。例如，人类细胞有300多个snoRNA基因，而snoRNA介导的RNA修饰密码，其生物学意义迄今尚未破解。人类细胞中已鉴定出近千个miRNA基因，它们在细胞内的真实靶标组的甄别及选择机制是什么？它们怎样构成与关键信号蛋白质相互制约的协同调控网络？非编码RNA如何被选择作为细胞外的分泌信号分子，进行远程调控，发挥细胞的"社会功能"？为什么有十几万个piRNA？最近被注释的数万条lncRNA（包括circRNA）的功能及调控机制亟待发现和阐明。迄今，国内外对非编码RNA的数量、结构、功能及调控规律都还很不清楚。因此，非编码RNA研究的一个重要方向就是要系统地揭示人类等高等生物基因组中隐蔽的非编码基因，全面解析基因组中的第二套遗传密码（Qu，2013），揭示这些非编码的调控功能及机制——细胞的"RNA语言"（RNA language）（Salmena et al.，2011），即揭示细胞中各种RNA以及RNA与蛋白质之间如何通过不同的识别和作用机制构成庞大分子网路，监视和调控着细胞内所有生物学过程的运行。

非编码RNA研究已成为后基因组时代生命科学的前沿，并有力地带动了现代医学和农学的发展。新的非编码 RNA 的系统发现及作为新基因资源的利用、深入解析非编码 RNA 的生成和代谢、结构与功能,以及它们如何作为新的信息分子参与重要生命活动的调控,如介导遗传与表观遗传表达、控制细胞分化及生物发育等已成为该研究领域的关键科学问题。基于迅猛发展的生命组学技术和真核与原核生物巨大的遗传和表观遗传多样性,非编码RNA 研究正迅速进入生物大数据时代,该领域正酝酿着现代生命科学及技术方面新的重大突破。

第二章
RNA 研究的发展规律与研究特点

纵观分子生物学发展历史,每当 DNA 研究取得重大突破,都会促成一个 RNA 研究的高潮(屈良鹄,2009)。1953 年,DNA 双螺旋结构的解析(Watson and Crick, 1953)掀起了在 RNA 转录和翻译水平解读遗传信息的高潮,导致 mRNA、tRNA 和 rRNA 的发现,以及遗传密码和"中心法则"的建立。1977 年,割裂基因(split gene)的发现(Berget et al., 1977)极大地促进了在 RNA 转录后加工水平解读遗传信息表达的过程及机制,深入解析了 mRNA、snRNA、snoRNA 和 gRNA 的结构与功能,提出了 RNA 剪接、编辑,以及核酶(ribozyme)(Kruger et al., 1982)和"RNA 世界"等新的概念。2001 年,"人类基因组计划"草图的完成(Lander et al., 2001; Venter et al., 2001),宣告后基因组时代的开始,同时也预示新一轮的 RNA 研究从非编码基因的角度解读遗传信息的组成及其表达调控的研究高潮的到来。

根据非编码 RNA 发挥的功能,可以大体将其分成两类。一类是组成型的非编码 RNA,它们在蛋白质合成机器中是必要的组成成员,如 rRNA 和 tRNA。另一类是调控型的非编码 RNA,它们在转录水平、转录后水平和翻译水平都起到调控基因表达的作用,如 miRNA 和 lncRNA。由于调控型 RNA 具有显著的时空特异性,因此它们在细胞的功能及命运决定、基因组稳定性,以及生命新陈代谢和多样性维持中发挥重要的作用。

早期的研究主要集中在组成型的非编码 RNA,最早的非编码 RNA 研究可追溯到 20 世纪 50 年代,早期发现的两类非编码 RNA 分别是 rRNA 和 tR-

NA，它们在实施蛋白质翻译过程中发挥关键作用。1977 年发现了割裂基因 (Berget et al., 1977)，使人们认识到基因组水平遗传信息编码的不连续性，U1、U2 等一批 snRNA 的发现及 mRNA 剪接体功能的阐明，极大地促进了在 RNA 转录后加工水平解读遗传信息表达的过程及机制。1982 年，自我剪切核酶的发现 (Kruger et al., 1982)，不仅为生命起源于"RNA 世界"的假说提供了分子证据，而且预示了在细胞中存在大量具有催化功能的调控 RNA。1986 年，在锥虫的线粒体中发现了 RNA 编辑现象 (Benne et al., 1986)，即由一批 gRNA 所介导的遗传信息的改变。RNA 编辑现象的发现，打破了基因与蛋白质的线性传递规则，进一步揭示了非编码 RNA 在遗传信息表达过程中的调控作用。

20 世纪 90 年代以来，在细胞中陆续发现各种调控型的非编码 RNA。90 年代初始，在真核生物及古细菌中发现大量的 snoRNA 及类似小 RNA，在分子生物学领域中刮起了"核仁风暴"(Kiss，2002)。1993 年，哈佛大学 Ambros 教授在线虫中发现了第一个 miRNA——lin-4，以及其在胚胎发育中的功能 (Lee et al., 1993)。但是直到 2000 年才在线虫中发现了第二个类似的 miRNA——let-7，并发现它在多细胞动物中保守存在 (Reinhart et al., 2000)。2001 年，《Science》同一期报道了 3 个研究小组在线虫、果蝇和人的 cDNA 文库中鉴定出近百个与 lin-4 和 let-7 相似的小 RNA，并统一命名为 microRNA (miRNA，微 RNA)(Lagos-Quintana et al., 2001; Lau et al., 2001; Lee and Ambros, 2001)。miRNA 的发现是非编码 RNA 研究的里程碑，它揭示了细胞中存在一个由内源 miRNA 介导的转录后基因表达调控机制。1998 年，Fire 等首次证实双链 RNA 分子可诱导 RNA 干扰作用 (RNA interference)(Fire et al., 1998)，随后的研究揭示 RNA 干扰是由于外源导入的 RNA 双链经 RNase III 类核酸酶 Dicer 切割加工，形成了一些二十几个核苷酸的双链小 RNA，被称为小干扰 RNA (siRNA)。siRNA 的发现，揭示了生命细胞内普遍存在的 RNA 干扰体系及机制，siRNA 的发现人从而获得 2006 年诺贝尔生理学或医学奖。近年来，在动物、植物及单细胞生物中都进一步发现了由内源 siRNA 介导的转录后基因沉默，甚至在细菌中也存在类似的方式，表明它可能是一种最古老而广泛的 RNA 调控机制。siRNA 介导的 RNA 干扰技术，在生物和医学中都具有重要的应用前景。目前，在人类等哺乳动物中已发现了大量的具有调控功能的微小 RNA，包括 miRNA、内源 siRNA、PIWI 蛋白结合小 RNA (piRNA)、启动子相关小 RNA (PASR)、转录终止位点相关小 RNA (TASR)、增强子相关小 RNA (eRNA)、应激诱导 tRNA 衍生的小 RNA（sitRNA 或 tRF）、重复序列相关小 RNA（rasRNA）等。

最新的研究还表明，细胞中存在大量的 lncRNA。lncRNA 是一大类转录长度大于 200 个核苷酸，但没有长阅读框架和编码具有功能的多肽或蛋白质能力的 RNA。lncRNA 的发现可追溯到 1990 年，在哺乳动物的细胞中鉴定了第一个 lncRNA——H19（Brannan et al.，1990）。1991 年发现的 $Xist$ 基因表达的 lncRNA 能够使女性的两条 X 染色体中的一条失活，并使 X 染色体编码的蛋白质在两性生物中的表达量趋向一致（Brown et al.，1991）。近年来，受到新技术的推动，新的 lncRNA 被大量鉴定出来，并具有丰富的结构与功能的多样性。例如：①通过在编码蛋白质的基因上游启动子区发生转录，干扰下游基因的表达；②通过抑制 RNA 聚合酶Ⅱ或者介导染色质重构及组蛋白质修饰，影响下游基因表达；③通过与编码蛋白质的基因的转录本形成互补双链，进而干扰 mRNA 的剪切，从而产生不同的剪接形式；④通过与编码蛋白质的基因的转录本形成互补双链，进一步在 Dicer 酶作用下产生内源性的 siRNA，调控基因的表达水平；⑤通过与基因之间竞争转录因子的方式导致印记区基因表达的沉默；⑥作为"脚手架"将两个蛋白质连接在一起或更多的蛋白质-RNA 复合物组合在一起，形成细胞核亚结构，从而调控基因的转录；⑦通过结合到特定蛋白质上，改变该蛋白质的活性或细胞定位，或者形成功能复合物发挥作用；⑧通过转录出与 mRNA 序列相似的 lncRNA（如假基因或 circRNA），作为吸引 miRNA 的分子海绵，从而保护真实功能基因的转录和翻译；⑨作为小 RNA，如 miRNA 和 piRNA 的前体分子转录。最近的研究也表明，很多 lncRNA 在特异肿瘤中异常表达，可能作为肿瘤诊断和治疗的重要生物学标记，这迅速激起了 lncRNA 研究的热潮。

2006 年以来，核酸测序技术取得了革命性的突破，新一代测序技术（next generation sequencing）能够快速测定数百万个标签序列，这使 RNA 研究从数据匮乏进入数据爆炸的数字化新时代。高效、灵敏和更低成本的新一代高通量测序平台（如 Roche/454、Illumina/Solexa、ABI/SOLiD 和 Life/Ion Torrent 等）已广泛应用。如今，第三代测序技术应用单分子荧光测序或纳米孔测序方法，实现了单分子水平的测序。同时，针对不同细胞中 RNA 表达的异质性问题，已发展出单细胞测序技术，以及相应的信息学分析方法。通过传统的 RNA 生物学实验方法跟高通量测序技术的结合，研究人员开发出一系列高通量的测量 RNA-RNA、RNA-DNA 和 RNA-蛋白质相互作用的新技术（Chi et al.，2009；Chu et al.，2011；Engreitz et al.，2013；

Engreitz et al., 2014; Lambert et al., 2014; Lu et al., 2016; McHugh et al., 2014; Nguyen et al., 2016a; Sharma et al., 2016; Spitale et al., 2015)。举例来说，CLIP-Seq 的发明使得我们可以第一次从全基因组水平揭示蛋白质-RNA 相互作用。通过 Ago2 CLIP-Seq，研究人员在全基因组水平揭示了 miRNA 的靶基因序列（Chi et al., 2009）；通过一些重要的 RNA 结合蛋白的 CLIP-Seq，揭示了 RNA 结合蛋白识别编码和非编码基因的机制（Bahn et al., 2015; Licatalosi et al., 2008），为整合基因组、转录组和蛋白质组数据的非编码 RNA 研究提供了前所未有的发展机遇。

测序技术的进步也使得我们能够在转录组水平检测到 RNA 编辑和 RNA 修饰现象，揭示其广泛性和重要性。目前已有 160 种修饰酶及 141 种 RNA 修饰位点被发现（Grosjean, 2015），使得人们意识到细胞内的转录本中存在广泛的表观遗传修饰，即"表观 RNA 组"。其中，A-to-I RNA 编辑、6-甲基腺嘌呤（m^6A）修饰及假尿嘧啶化修饰近年来取得了重要进展。A-to-I RNA 编辑是 RNA 编辑中特定的一个类型，在这种 RNA 编辑类型中，RNA 腺苷脱氨酶（adenosine deaminase acting on RNA，ADAR）识别特定的 RNA 底物中的腺苷（A）并催化其水解脱氨成为肌苷（I），从而产生新的遗传密码（Nishikura, 2010）。直到几年前，已知的 A-to-I RNA 编辑位点还很少，新一代高通量测序技术的出现使得我们有可能在整个转录组水平检测 RNA 编辑的这种现象。A-to-I RNA 编辑现象在哺乳动物、海洋生物和昆虫基因组中都非常广泛。最新的研究发现在人类基因组中有上百万个 RNA 编辑位点，存在显著组织特异性，大量富集在内含子和 3' UTR 区域（Zhou et al., 2013）。因此，对于这些编辑位点的功能机制会成为下一步的研究重点。m^6A 是 RNA 中最主要的一种甲基化修饰。通过抗体结合和高通量测序技术的结合，研究人员揭示了 m^6A 在转录组中的分布（Dominissini et al., 2012）。研究发现，在动物和植物中超过 20% 的转录本存在 m^6A 修饰，而且一定比例的 m^6A 修饰存在显著组织特异性和/或具有种间保守性（Dominissini et al., 2012; Fu et al., 2014）。假尿嘧啶化修饰最早在 rRNA 及 snRNA 上发现，并且这些修饰受到 snoRNA 的介导。近年来高通量测序技术可以在全基因组范围内挖掘到假尿嘧啶化修饰位点（Schwartz et al., 2014）。还发现了 mRNA 上存在大量的假尿嘧啶化修饰位点，并且这种修饰可以进一步改变氨基酸序列，甚至会影响终止密码子（Karijolich and Yu, 2011）。除此之外，还有大量的 RNA 修饰类型，比如 m5c 及 U 尾巴（Lee et al., 2014）等。随着新技术的发展，将来会开发出针对 RNA 的测序方法，从而全面揭示出细胞内的"表观 RNA 组"全貌。

近年来，利用 CRISPR/Cas 系统进行的"RNA 介导的核酸编辑技术"取得了重大进展。CRISPR/Cas 系统是细菌对抗入侵的病毒 DNA 的一种方法。此系统的工作原理是：crRNA（CRISPR-derived RNA）通过碱基配对与 tracrRNA（trans-activating RNA）结合形成 tracrRNA/crRNA 复合物，此复合物引导核酸酶 Cas 蛋白质在与 crRNA 配对的序列靶位点剪切双链 DNA。而通过人工设计这两种 RNA，可以改造形成具有引导作用的 sgRNA（single guide RNA），引导 Cas 对 DNA 的定点切割（Cong et al.，2013；Mali et al.，2013）。目前，该技术已经成功应用于多种生物的基因组精确编辑，由于其突变效率高、制作简单及成本低的特点，将成为具有广阔应用前景的核酸定点改造分子工具，在诸如医疗、农业和畜牧业等研究中发挥重大作用。美国《Science》杂志分别于 2012 年、2013 年将其列入十大科学突破，更于 2015 年将其评为"年度头号突破"。

新技术产生了海量数据，如图 2-1 所示，生物数据的积累速度已经超越了计算机"摩尔定律"的限定速度，导致生物数据超速积累而迈入了"大数据"时代。为了解决爆炸式增长的数据与后期分析之间的不平衡问题，生物信息学成了非编码 RNA 研究中的有力手段，并诞生了"计算 RNA 组学"这一新的交叉学科（郑凌伶和屈良鹄，2010），生物信息学的技术手段也促使非编码 RNA 研究产生了相应的连锁效应。图 2-2 所示为 PubMed 收录的非编码 RNA 或 miRNA 研究的论文数情况，恰好对应了图 2-1 中数据的爆炸式发展速度。

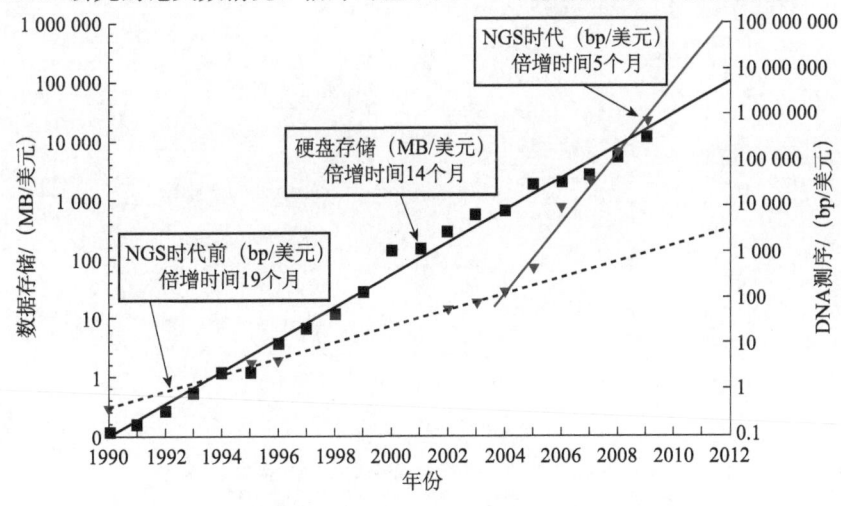

图 2-1　生物数据的积累速度与计算机存储容量的提升速度对比图

资料来源：Stein（2010）

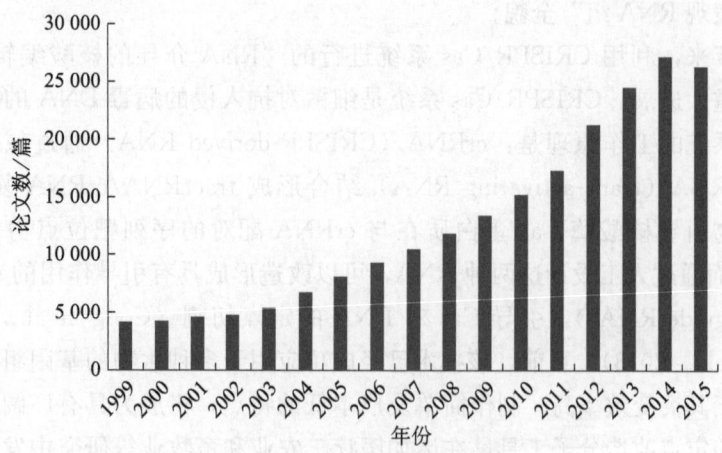

图 2-2 非编码 RNA 研究的 SCI 论文分布情况

非编码 RNA 研究是当今生命科学发展最为迅速的前沿领域。经历了半个多世纪的探索，如今的非编码 RNA 领域已经积累了众多研究成果，建立了系统的研究方法，汇集了大批优秀的研究学者，提出了一系列重大的科学问题。人们已清楚地认识到，在生命起源于原始的"RNA 世界"（Gilbert, 1986）以后，现代生物细胞中仍存在大量的非编码 RNA，尤其是在高等生物中，存在一个数目巨大、尚未被完全发现的"现代 RNA 世界"。

第三章 RNA 研究的发展现状与发展态势

第一节 国际非编码 RNA 研究的规划和布局

目前国际上非编码 RNA 领域的研究正在蓬勃地发展。在"人类基因组计划"完成后，欧盟提出"RNA 调控网络与健康和疾病"计划分工协调发展欧盟整体的 RNA 基础与应用研究以确立欧洲在 RNA 领域的领导地位，通过"欧盟框架计划"与"地平线 2020 计划"对该领域展开资助。随后，美国牵头启动了"ENCODE 计划"以迎接后基因组时代的到来，以其国家科学基金会和国立卫生研究院为主导机构进行资助。日本也同样启动了"功能 RNA 研究项目"和"哺乳动物基因组功能注释计划"等重要研究，通过科学文部省和科学技术振兴委员会资助理化学研究所和国立遗传学研究所等重点机构。美国国立卫生研究院（NIH）于 2013 年 8 月设立以人类疾病 RNA 为主题的"胞外核酸通信计划"，首批 24 个研究项目 2013 财年的资助额度达到 1700 万美元，其中有许多项目是对胞外非编码 RNA 进行研究（表 3-1）。这项重大研究计划由 NIH 共同基金资助，NIH 下属的国家转化科学推进中心（NCATS）、国立癌症研究所（NCI）、国立药物滥用研究所（NIDA）等机构共同参与。这批项目采取基于阶段性成果的合作项目形式，多数项目将会连续资助 5 年。NIH 还计划发布 exRNA 参考目录项目招标。

表 3-1 NIH "胞外 RNA 通讯计划" 资助的首批非编码 RNA 项目

承担机构	项目名称
加利福尼亚大学旧金山分校	体内胞外小分子 RNA 受控释放和功能
麻省总医院	胶质母细胞释放 exRNA 改变脑微环境
范德比尔特大学医学中心	结直肠癌形成过程中分泌 RNA 的生物合成、功能和临床标记物
加利福尼亚大学圣迭戈分校	人脑胶质瘤的 exRNA 生物标志物
贝丝·以色列·迪肯尼斯医疗中心	心肌梗死后心脏机械和电重构不良反应的血浆 miRNA 预测
梅奥诊所	肝癌细胞外非编码 RNA 标志物
俄勒冈健康与科学大学	诊断痴呆症标志物 miRNA 的临床应用
布莱根妇女医院	循环 miRNA 作为多发性硬化症疾病的标志物
罗德岛医院	调节肾脏和骨髓损伤外囊泡非编码 RNA
俄亥俄州立大学	加载小分子 RNA 的微泡靶向治疗癌症
路易斯维尔大学	外体样颗粒用于胞外 miRNA 的治疗性输送

第二节 我国非编码 RNA 研究的规划和布局

我国在《国家中长期科学和技术发展规划纲要（2006—2020 年）》中将"非编码核糖核酸的表达调控与功能"作为科学前沿被列入主要研究方向，体现了对非编码 RNA 研究的重视，此后的"十一五""十二五"时期的各项规划也贯彻落实了该领域的重点前沿方向布局，通过科技部和国家自然科学基金委员会形成以国家重点基础研究发展计划（973 计划）、国家重大科学研究计划、国家高技术研究发展计划（863 计划）和国家自然科学基金等为代表的有层次、有重点、有计划的持续性资助。

2005 年，973 计划首次在重要科学前沿领域资助了"人类非编码 RNA 及其介导的基因表达调控"项目。该项目致力于建立和发展针对三类非编码 RNA 的结构和功能研究体系，发现和鉴别新的人类非编码 RNA 和各种顺式 RNA 元件及其相关的 RNA 结合蛋白，探讨其在基因转录和转录后加工中的调控作用，以及 RNA 调控网络与生命现象和重大疾病的关系。随后，973 计划在重要科学前沿及蛋白质等生命科学相关领域中相继启动了多个非编码 RNA 研究项目。2014 年，973 计划将"循环微小 RNA 生物学功能及临床应用（C类）"作为重要支持方向。

863计划2008年度在生物和医药技术领域设置了"基因操作和蛋白质工程技术"专题，重视对小RNA技术的研发，旨在从人类、动植物和微生物基因组中筛选和鉴定重要功能小RNA；大规模、高效化学合成低毒/无毒小RNA；构建具有自主知识产权、高通量和高效的小RNA给药/转化体系；对与重大疾病或重要农艺性状相关的小RNA的功效进行验证。除直接对核酸的相关研究进行立项之外，其他项目下所设课题也涉及核酸的相关研究。此外，863计划还研究了19种癌症微小RNA层面上癌症的共同机制；围绕转录调控网络模块构建，以及微小RNA和转录调控网络、微小RNA之间的相互作用等。863计划设立的"干细胞治疗技术临床转化及应用研究"主题项目在"干细胞多能性标记物发掘及其关键技术研发"内容方面强调研究和建立可供移植的干细胞在微小RNA水平上的分子标记和关键调控单元。

国家自然科学基金委员会生命科学部重点项目自1998年开始资助非编码RNA研究，截止到目前已经资助了17个项目，从这些资助项目可以看出，我国的非编码RNA研究开始于核仁小RNA，对动植物的miRNA研究比较重视，并向医学应用方面发展，如miRNA在心血管系统发育、骨骼肌发育、乳腺癌中的作用等（表3-2）。2014年，国家自然科学基金委员会相继启动了"长非编码RNA调控网络在恶性肿瘤中的功能与机制"的重大项目和"基因信息传递过程中非编码RNA的调控作用机制"的重大研究计划，旨在推进我国非编码RNA研究在国际科学前沿和转化医学方面的竞争优势。

表3-2 我国国家自然科学基金委员会生命科学部资助的非编码RNA重点项目

序号	申请人	依托单位	项目名称		资助金额/万元
1	屈良鹄	中山大学		Wnt/β-catenin信号通路中miRNA的表达调控及功能研究	299
2	麻锦彪	复旦大学	2012年重点项目	植物小非编码RNA的识别和调控的分子基础	293
3	曹晓风	中国科学院遗传与发育生物学研究所	2012年重大国际合作项目	拟南芥AGO蛋白与miRNA和mRNA互作网络的解析及miRNA调控蛋白翻译抑制的分子机理研究	293

续表

序号	申请人	依托单位		项目名称	资助金额/万元
4	吴仲义	中国科学院北京基因组研究所		miRNA 的功能进化分析与全基因组表达稳定性的渠化调控	290
5	王恩多	中国科学院上海生命科学研究院	2011年重点项目	tRNA 对蛋白质合成质量控制的作用及其新功能的研	300
6	李毅	北京大学		水稻矮缩病毒编码的 RNA 沉默抑制因子与宿主相互作用研究	210
7	杨晓	中国人民解放军军事医学科学院	2010年重点项目	TGF-beta 信号通路相关 miRNA 在心血管系统发育和和稳态维持中的功能和机制	218
8	朱大海	中国医学科学院基础医学研究所		Myostatin 调控的 miRNA 在骨骼肌发育中的功能及表达调控的分子机制	210
9	屈良鹄	中山大学		印记 snoRNA 基因的起源与进化及其新功能研究	175
10	章晓波	浙江大学	2008年重点项目	非编码小 RNA 在对虾免疫中作用的分子机制	175
11	宋尔卫	中山大学		乳腺癌启动细胞 EMT 转化的 miRNA 调控机制研究	180
12	何玉科	中国科学院上海生命科学研究院植物生理生态研究所	2007年重点项目	芸薹属植物叶卷曲过程中 miRNA 遗传调控的分子机理	150
13	陈润生	中国科学院生物物理研究所		线虫和人的非编码 RNA 及其功能研究	135
14	陈大华	中国科学院动物研究所	2006年重点项目	小分子 RNA（miRNA）果蝇生殖干细胞命运的分子机制研究	145

续表

序号	申请人	依托单位	项目名称	资助金额/万元
15	金由辛	中国科学院上海生命科学研究院生物化学与细胞生物学研究所	2004年重点项目 水稻中miRNA的寻找和其他功能的初步研究	125
16	屈良鹄	中山大学	2003年重点项目 新的RNA基因的功能与调控研究	160
17	屈良鹄	中山大学	1998年重点项目 新的核仁小RNA基因结构表达及功能研究	75

从美国、欧盟等对非编码RNA研究的规划和资助项目看，美国和日本重视对非编码RNA的编目和功能注释研究，此外，美国还重视胞外非编码RNA研究和相关工具开发；欧盟的重点是开发各类非编码RNA（尤其是lncRNA和miRNA）的功能及其应用于癌症、血管疾病、病毒感染和神经退行性疾病等疾病的治疗，以及农业中提高植物抗旱等的研究。我国早期资助的非编码RNA功能注释与鉴定的研究，主要聚焦于动植物微、小RNA研究，近年来已大大加强了在医学和农学方面的应用研究（表3-3）。

表3-3 部分国家（地区）在非编码RNA领域的研究重点比较

国家或地区	涉及的领域
美国	编制功能元件目录；调控网络；胞外非编码RNA研究；加强数据挖掘与工具开发
欧盟	涉及各种非编码RNA类型，主要是lncRNA和miRNA；基础研究；功能与应用研究涉及各种人类疾病，主要是癌症、血管疾病、病毒感染、神经退行性疾病，以及动植物miRNA研究
日本	功能注释
中国	动植物miRNA研究，功能注释与鉴定研究，以及在癌症、心血管疾病等领域的应用研究

第三节 国内外研究成果计量分析

利用Web of Science数据库对2006~2015年国际非编码RNA领域的论

文进行检索,共检索到 86 166 篇论文,对结果进行分析①。

一、成果所属国家分析

2006~2015 年,非编码 RNA 领域发文量排名第一的是美国,共发表了 31 318 篇论文,占全球非编码 RNA 论文总量的 36.35%;排名第二的是中国②,发表了 24 482 篇,占全球的比例为 28.41%;排名第三的是日本,发文量为 7624 篇,占全球的比例为 8.85%(表 3-4、图 3-1)。

表 3-4 2006~2015 年非编码 RNA 领域论文量排名前十位的国家及其论文被引用情况

国家	论文量/篇	总被引频次/次	篇均被引频次/(次/篇)
美国	31 318	1 180 901	37.71
中国	24 482	355 476	14.52
日本	7 624	191 846	25.16

---

① 论文类型为 Article,检索日期为 2016 年 7 月 29 日,数据库更新日期为 2016 年 7 月 27 日,检索式为:" non-coding RNA * " or" non-coding protein RNA * " or ncRNA * or microRNA * or miRNA * or" long non-coding RNA * " or" long noncoding RNA * " or lncRNA * " or" antisense RNA * " or atRNA * or snRNA * or" small nuclear RNA * " or snoRNA * or" small nucleolar RNA * " or miscRNA * or scRNA * or" small cytoplasmic RNA * " or piRNA * or" Piwi-interacting RNA * " or " Piwi interacting RNA * " or " siRNA * " or" Small interfering RNA * " or" Large Intergenic Non-coding RNA * " or " long intergenic noncoding RNA * " or lincRNA * or" promoter associated short RNAs * " or" terminator associated short RNA * " or sno-lncRNA * or " Sno-related lncRNA $ " or " enhancer RNA $ " or eRNA * or " very long intergenic non-coding RNA $ " or vlincRNA * or " steroid receptor RNA activator 1" or Braveheart or Bvht or " Fetal-lethal noncoding developmental regulatory RNA $ " or Fendrr or " Natural antisense transcript" or " Natural antisense transcript $ " or ciRNA * or " circular intronic RNA $ " or " circular intronic long noncoding RNA $ " or " circular RNA $ " or circRNA * or " excised exon" or " excised intron" or Kcnq1ot1 or HOTAIRM1 or Evf2 or HSR1 or " Metastasis-associated lung adenocarcinoma transcript 1" or LincRNA-p21 or " nuclear enriched abundant transcript 1" or " HOX antisense intergenic RNA" or " HOX transcript antisense RNA" or " growth arrest specific 5" or lincRNA-Up6 or " HOXA transcript at the distal tip" or " inactive X specific transcript $ " or " X-inactive specific transcript $ " or " Xi-specific transcript $ " or ecCEBPA or " steroid receptor RNA activator $ " or " Steroid receptor RNA Activator $ " or ncRNACCND1 or " polyadenylated nuclear RNA" or lincRNA-RoR or " half-STAU1-binding site RNA" or 1/2-sbsRNA or " terminal differentiation-induced ncRNA $ " or " Natural antisense transcript $ " or " Sox2 overlapping transcript $ " or " P21 associated ncRNA DNA damage activated" or " prostate cancer noncoding RNA 1" or Kcnq1ot1 or " Air RNA" or " lncRNA H19" or " lncRNAH19" or " HOXA transcript at the distal tip" or " X (inactive) -specific transcript, opposite strand" or Tsix or Xite or linc-MD1 or " steroid receptor RNA activator 1" or " steroid receptor activator RNA 1" or " Colorectal Cancer Associated Transcript 1" or CCAT1-L or " noncoding (RNA) repressor of NFAT" or " noncoding RNA repressor of NFAT" or " lincRNA NRON" or " lincRNA-NRON"。

② 因数据库收录原因,中国只包括中国大陆、香港和澳门发表的论文,不包括中国台湾地区的论文。

续表

国家	论文量/篇	总被引频次/次	篇均被引频次/（次/篇）
德国	6 266	210 926	33.66
英国	4 600	162 715	35.37
韩国	4 320	76 350	17.67
加拿大	3 539	107 158	30.28
法国	3 347	110 273	32.95
意大利	3 211	113 415	35.32
澳大利亚	2 020	60 483	29.94

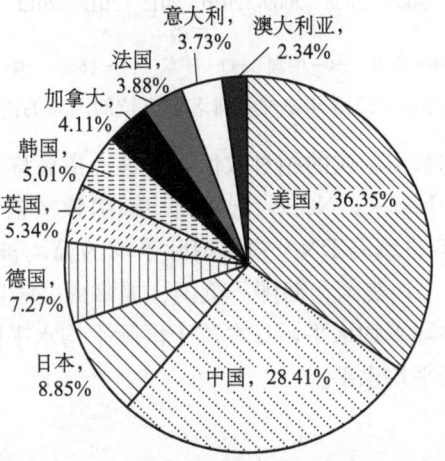

图 3-1 非编码 RNA 领域各国论文量占世界论文总量的比例
由于存在国际合作论文，计算国家论文量时合作论文会被重复计算，
各国的论文量直接相加获得的国际论文总量会大于实际的国际论文量

从论文量排名前五位国家的论文量趋势可以看出，这五个国家的论文量都呈增长趋势，美国和中国增长较快，日本、德国和英国增长较慢，中国在 2013 年的论文量赶上美国，之后超过美国，持续快速增长（图 3-2）。

从论文被引用情况看论文质量。在论文量排名前十位的国家中，总被引频次最高的是美国，共被引用了 1 180 901 次，远远超过其他国家；排名第二的是中国，共被引用了 355 476 次；排名第三的是德国，共被引用了 210 926 次。篇均被引频次最高的是美国，达 37.71 次/篇；排名第二的是英国，为 35.37 次/篇；排名第三的是意大利，为 35.32 次/篇。篇均被引频次超过 30 次/篇的还有德国、法国、加拿大，篇均被引频次分别为 33.66 次/篇、32.95 次/篇、30.28 次/篇，其他国家都低于 30 次/篇。中国的篇均被引频次为 14.52 次/篇，与发达国家有较大差距，表明论文质量还有待提高（表 3-4）。

将某一时间段各国论文的篇均被引频次除以该时间段国际平均的篇均被引

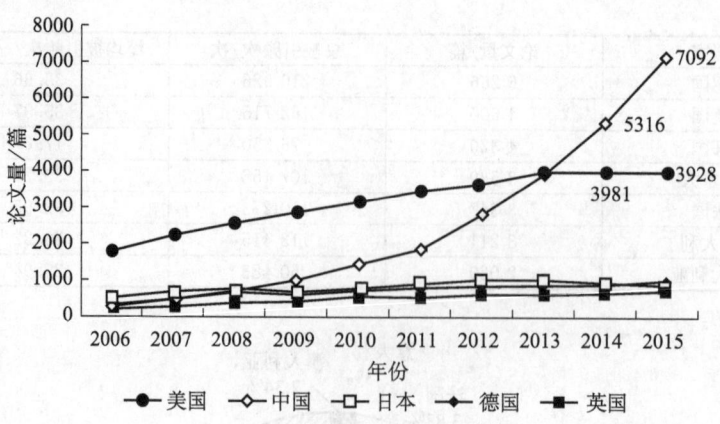

图 3-2 2006~2015 年论文量排名前五位的国家的论文量趋势

频次,获得各国篇均被引频次的相对数值,将这一指标称为标准引文影响指标 (Normalized Citation Impact,NCI),国际篇均被引频次被假定为 1,作为国际基线。2006~2015 年非编码 RNA 领域国际平均的篇均被引频次为 25.62 次/篇。从图 3-3 可以看出,美国、德国、英国、加拿大、法国、意大利和澳大利亚的论文质量高于国际平均水平,日本位于国际平均水平附近,中国、韩国的论文质量远低于国际平均水平。

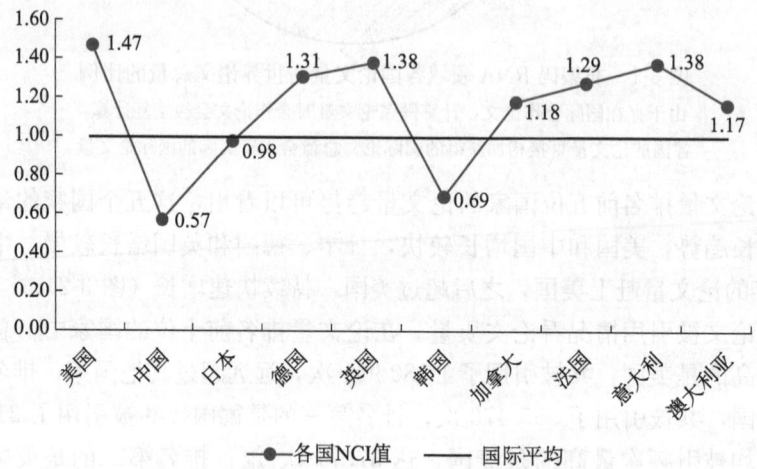

图 3-3 非编码 RNA 领域论文量排名前十位国家的标准引文影响指标

二、成果所属机构分析

2006~2015 年,非编码 RNA 研究领域论文发表量最多的是哈佛大学,共发表论文 1897 篇;排名第二的是中国科学院,为 1579 篇;排名第三的是上海交通大学,为 1407 篇。论文量排名前十位的机构中,3 个美国机构,6 个中国机构,1 个日本机构(表 3-5)。

表 3-5 2006~2015 年非编码 RNA 领域论文量排名前十位的国际机构及其被引情况

排名	机构	论文量/篇	总被引频次/次	篇均被引频次/(次/篇)	H 指数
1	哈佛大学	1 897	121 974	64.30	161
2	中国科学院	1 579	36 881	23.36	81
3	上海交通大学	1 407	26 024	18.50	63
4	中山大学	1 283	26 449	20.61	70
5	南京医科大学	1 153	18 444	16.00	58
6	复旦大学	1 100	19 595	17.81	59
7	东京大学	957	30 249	31.61	80
8	俄亥俄州立大学	868	68 044	78.39	132
9	得克萨斯大学安德森癌症中心	864	36 354	42.08	85
10	浙江大学	862	14 213	16.49	53

从机构的论文被引情况看论文质量。论文量排名前十位的机构中,总被引频次最高的是哈佛大学,被引用 121 974 次;其次是俄亥俄州立大学,为 68 044 次;排名第三的是中国科学院,为 36 881 次。篇均被引频次最高的是俄亥俄州立大学,达 78.39 次/篇;其次是哈佛大学,为 64.30 次/篇;排名第三的是得克萨斯大学安德森癌症中心,为 42.08 次/篇。中国有 6 个机构论文量进入前十位,但篇均被引频次都较低。

论文量排名前十位的国际机构,标准引文影响指标最高的是俄亥俄州立大学,为 3.06;排名第二的是哈佛大学,为 2.51;排名第三的是得克萨斯大学安德森癌症中心,为 1.64。中国机构的 NCI 值都低于 1(图 3-4)。

H 指数是指个人或机构有 N 篇论文分别被引用了至少 N 次,这是一个混合量化指标。论文量排名前十位的机构中,H 指数最高的是哈佛大学,高达 161;排名第二的是俄亥俄州立大学,为 132;排名第三的是得克萨斯大学安德森癌症中心,为 85。中国科学院的 H 指数为 81,东京大学的 H 指数为 80,其他机构都低于 80(表 3-5)。

三、资助机构分析

从论文量看各资助机构对非编码 RNA 研究的资助情况。资助发表论文量最多的是 NIH,共资助发表论文 13 403 篇;其次是中国国家自然科学基金委员会,为 12 061 篇;排名第三的是中国 973 计划,为 1995 篇论文。资助

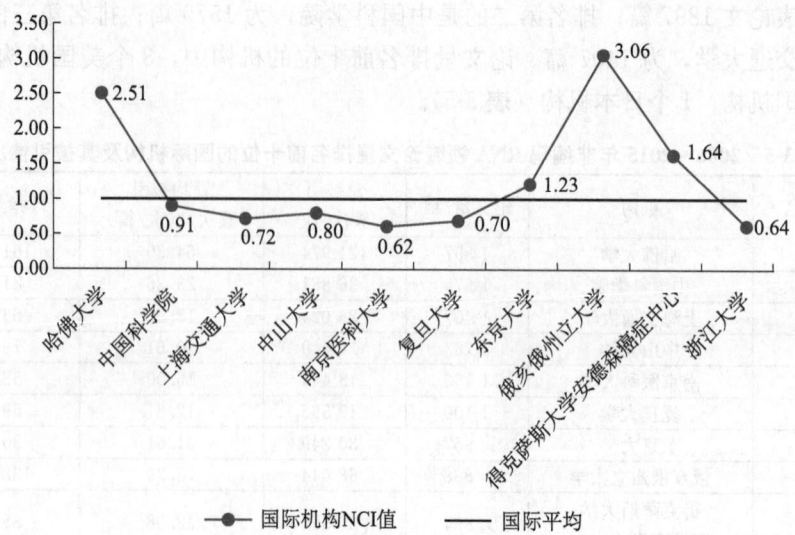

图 3-4 论文量排名前十位的国际机构的标准引文影响指标

的论文量排名前十位的机构中,美国机构、中国机构、日本机构各 2 个,德国、加拿大和韩国各 1 个,此外欧盟委员会通过框架计划资助了大量的非编码 RNA 研究(图 3-5)。

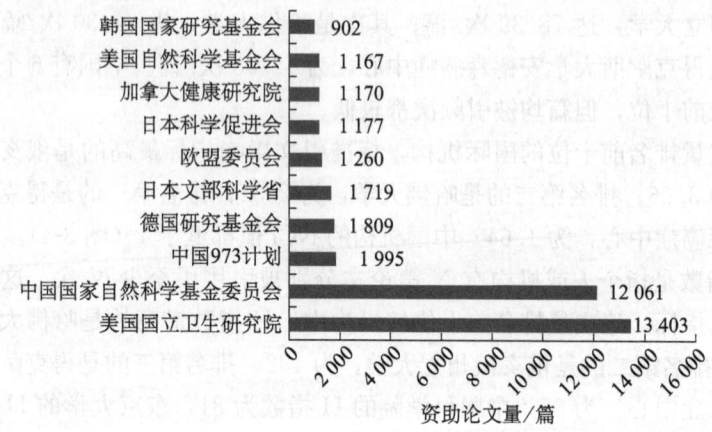

图 3-5 资助发表论文量排名前十位的资助机构或计划

四、高被引论文分析

基本科学指标(Essential Science Indicators,ESI)是由美国科技信息研究中心(ISI)于 2001 年推出的衡量科学研究绩效、跟踪科学发展趋势的基本分析评价工具。ESI 分年度把学科领域中被引用次数排名前 1%的论文定义为"ESI 高被引论文"。2006～2015 年,非编码 RNA 领域被 ESI 评为高被引论文的论文量为 2539 篇。其中美国最多,为 1153 篇;排名第二的是中国,为 407 篇;排名第三的是德国,为 230 篇。从 ESI 高被引论文量占该国非编码 RNA 领域论文总量的比例看,最高的是荷兰,为 5.21%;排名第二的是意大利,为 4.11%;排名第三的是美国,为 3.68%;中国 ESI 高被引论文量占比为 1.66%,处于较低水平(表 3-6)。

表 3-6　2006～2015 年非编码 RNA 领域 ESI 高被引论文量排名前十位的国家

排名	国家	ESI 高被引论文量/篇	占该国非编码 RNA 领域论文总量的比例/%
1	美国	1 153	3.68
2	中国	407	1.66
3	德国	230	3.67
4	英国	162	3.52
5	日本	141	1.85
6	意大利	132	4.11
7	加拿大	93	2.63
8	法国	80	2.39
9	荷兰	73	5.21
10	澳大利亚	68	3.37

利用 Vos Viewer 软件对国际 2539 篇高被引论文和 407 篇中国高被引论文分别进行关键词聚类分析。可以看出,国际高被引论文的研究领域主要分布在:① 以 sequence、transcript、transcription factor、mirna biogenesis、discovery 等词为代表的红色聚类,表示新型非编码 RNA 的发现、非编码 RNA 的基础机制研究(如 miRNA 的生物合成)及其转录调控作用;② 以 sirna、small interfering rna、gene silencing、nanoparticle、sirna delivery 等词为代表的蓝色聚类,表示 RNA 干扰技术的开发、改进和在癌症、心脏衰竭等疾病治疗中的应用;③ 以 progression、metastasis、migration、cell growth、poor prognosis、non small cell lung cancer、carcinoma 等词为代表的绿色聚类,表示非编码 RNA 在非小细胞肺癌等癌症转移中的作用及其作为癌症预后的标记物的研究;④ 以 patient、marker、purpose、diagnosis、biomarker、specificity、early detection 等词为代表的黄色聚类,表示非编码 RNA(如 miRNA)用作疾病早期诊断的生物标记物研究(图 3-6)。

进一步分析中国高被引论文(图 3-7),可以看出,中国高被引论文的研究领域主要分布在新的非编码 RNA 的鉴定与功能研究、将非编码 RNA 用作

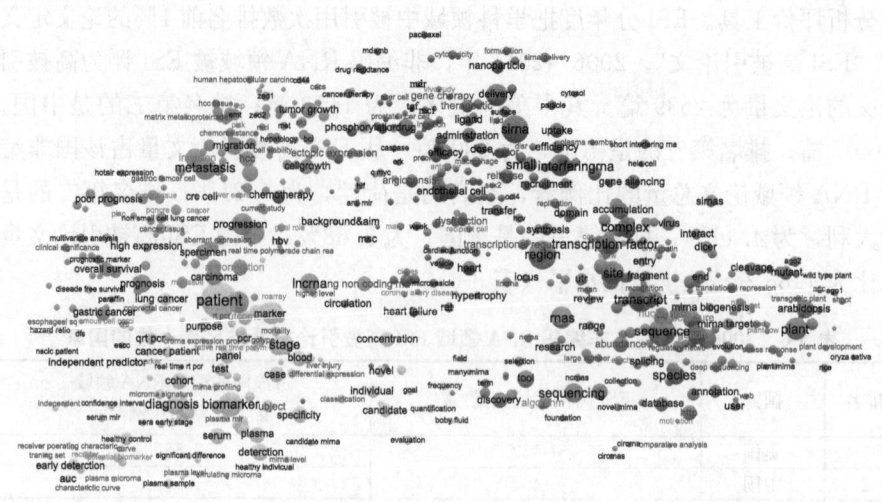

图 3-6　2006~2015 年 ESI 高被引论文的研究领域分布（文后附彩图）

早期诊断的生物标记物、作为非小细胞肺癌等癌症预后标记物，这三点与上面国际高被引论文的①、③、④研究领域相似，但缺乏 siRNA 等技术开发，表明我国研究人员重视非编码 RNA 的基础机制研究及其在疾病诊断、预后中的应用，但是还需要进一步重视技术开发与应用。

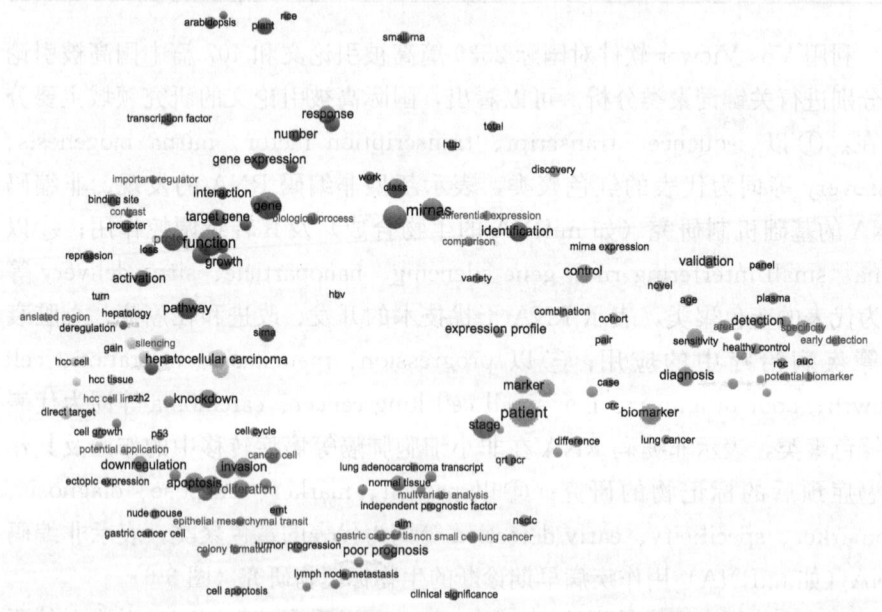

图 3-7　2006~2015 年中国的 ESI 高被引论文的研究领域分布（文后附彩图）

第四节 我国论文发表情况

长期以来，我国科学家对非编码 RNA 的研究主要集中在 tRNA 和 rRNA 的结构与功能方面。在 tRNA 的人工合成方面曾有过辉煌的成就[①]。1995 年，屈良鹄在中山大学组织 RNA 组学研究团队，在"新的 snoRNA 结构与功能研究"方面取得了一系列进展，代表了我国早期在"非编码 RNA 大规模分析和基因组注释"这一科学前沿取得的重要成果[②]。1998 年，我国科学家召开了"面向 21 世纪的 RNA 研究"第 109 次香山会议（金由辛，1999）。会议回顾了一个世纪以来的 RNA 研究成果及发展趋势，指出在人类及其他物种基因组研究取得重大突破后，21 世纪的 RNA 科学将有飞速的发展，因此提议在我国尽快开展以 RNA 为终产物的基因组计划（即"RNA 组学"计划）。随后，科技部和国家自然科学基金委员会先后启动了一批非编码 RNA 的基础性研究项目，有力地推动了国内 RNA 科学的发展。《国家中长期科学和技术发展规划纲要（2006—2020 年）》中将"非编码核糖核酸的表达调控与功能"作为科学前沿被列入主要研究方向，发展非编码 RNA 科学与技术已成为国家的前瞻性战略。

十多年来，国内非编码 RNA 研究飞速发展，在 RNA 结构与功能、RNA 与疾病、生物防治等多个领域取得了一系列突出的研究成果。我国在核酸信息学方向发展较早，并已取得较大的成果。2005 年，由陈润生院士带领中国科学院计算技术研究所和中国科学院生物物理研究所开发非编码 RNA 综合数据平台——NONCODE（Liu et al.，2005a），提出了一套以非编码 RNA 所参与的细胞生化过程和在此过程中发挥的功能为标准的统一分类体系（Bu et al.，2012）。该文章发表后，《Science》杂志做了专门介绍。NONCODE 数据库已更新到第 4 版（Zhao et al.，2016），包含了 16 个物种中的 miRNA、lncRNA、piRNA 和 mRNA 样 ncRNA 等大量非编码 RNA。在此基础上，该团队提出了"双色网络"等重要 RNA 调控网络概念，并建立了 lncRNA 的功能注释在线分析平台 ncFANs（Liao et al.，2011a）。哈尔滨工业大学开发的数据库——miR2Disease（Jiang et al.，2009），提供了与疾病相关的 miRNA 数据资源平台。北京大学开发出 lncRNA 疾病的数据库——

[①] "酵母丙氨酸转移核糖核酸的人工全合成"获 1987 年国家自然科学奖一等奖。

[②] "新的 snoRNA 结构与功能研究"获得 2007 年国家自然科学奖二等奖。

LncRNADisease（Chen et al.，2013），收录了 160 多种与 lncRNA 有关的疾病。

我国科学家还开发了一系列专门研究非编码 RNA 的计算工具，包括：北京大学所开发了 CPC 软件对 mRNA 与 ncRNA 进行判别（Kong et al.，2007）；清华大学开发了 miRNA 预测和识别软件 miRAlign 和 triplet-SVM（Xue et al.，2005），以及基于 RNA-Seq 的基因表达分析工具（Wang et al.，2010a）。近年来，中山大学系统地开发了基于新一代大规模测序分析平台，包括以 DeepBase（Yang et al.，2010；Zheng et al.，2016）、starBase（Li et al.，2014a；Yang et al.，2011a）和 ChipBase（Yang et al.，2013a）为核心的非编码 RNA 功能研究三大平台，以及 mirExplorer（Guan et al.，2011）、ACTlocater（Xiao et al.，2013）、ncRNAimprint（Zhang et al.，2010a）和 StarScan（Liu et al.，2015a）等一系列 miRNA 研究新方法及遗传印记非编码数据库，突破了采用新一代测序产生的海量数据对人类 miRNA 基因系统挖掘、功能分析和转录调控等关键技术，在国际上率先整合 CLIP-Seq 和 Degrdom-Seq 数据，实现对 miRNA 功能靶标组研究的多维高通量分析；并通过全面整合/发掘国际 ENCODE 计划海量数据，解析人类 miRNA 基因与蛋白质转录因子的相互作用及细胞特异性，完成人类 miRNA 基因转录因子的高精度预测及鉴定。中国人民解放军军事医学科学院开发了细菌小调控 RNA（sRNA）靶标数据库 sRNATarBase 及其靶标 mRNA 预测模型 sRNATarget 和 sTarPicker，为细菌 sRNA 功能研究提供了生物信息学支持（Wang et al.，2016a）。

我国在 RNA 生物与医学方面取得一系列国际瞩目的成果。北京生命科学研究所叶克穷率先解析了催化假尿嘧啶形成的 H/ACA RNA-蛋白质复合物的空间结构（Li and Ye，2006）。清华大学施一公研究团队在对传统的串联亲和层析法进行改良之后，成功提取了内源性表达的酵母剪接体复合物，利用先进的冷冻电镜图像处理和三维重构方法，获得了真核细胞剪接体复合物的三维结构，并搭建了该复合物的原子模型（Yan et al.，2015）。哈尔滨医科大学杨宝峰首次报道"特异性小 RNA miR-1 通过调节 GJA1 与 KCNJ2 而影响心律失常"（Yang et al.，2007）。中山大学宋尔卫揭示了决定乳腺肿瘤干细胞基本生物学特性的重要机制（Yu et al.，2007）。北京生命科学研究所戚益军在单细胞生物莱因衣藻中发现大量 miRNA，首次报道了植物 miRNA 5'末端核苷酸对其进入不同的 Argonaute 蛋白质复合体起到决定作用（Zhao et al.，2007），最近，该团队又报道了小 RNA 在 DNA 双链断裂修复中的作用（Wei et al.，2012）。中国科学院上海生命科学研究院生物化学与细胞生物学研究所刘默芳组发现了 piRNA 在精子发生后期触发小鼠 PIWI（MIWI）蛋白降解的现象（Zhao et al.，2013）。中国科学院动物研究所研究员周琪、段恩奎和中国科学院上海生命科学研究院研究员翟琦巍领导团队最近发现高脂饮食雄性小鼠的后代会出现糖耐量减低和胰岛素抵抗，而且这种糖耐量减低与 tsRNA（小 tRNA 片段）有关，展示了父亲饮食对精子 RNA 的重要影响，这种影响会改变后代的基因调控，引起相应的代谢紊乱（Chen et al.，2016）。中国科学院上海生命科学研究院生物化学与细胞生物学研究所陈玲玲研究组揭示了两类全新内含子来源的 lncRNA，这些新 RNA 不仅与人类重大疾病密切相关，在分子水平也分别参与转录水平和转录后水平的重要调控（Yin et al.，2012）。最近，中国科学院上海生命科学研究院的研究人员在新研究中证实，由于内含子的互补序列介导了外显子环化，从而产生了一类特殊的非编码 RNA 分子 circRNA，该研究成果发表在《Cell》杂志上（Zhang et al.，2014a）。中国科学技术大学单革研究组发现了外显子与保留在外显子之间的内含子也能形成 circRNA，称为 EIciRNA（Li et al.，2015a）。来自第二军医大学、中国医学科学院和浙江大学医学院的曹雪涛研究团队鉴定了人类树突状细胞（DC）中专一表达的 lncRNA——lnc-DC。lnc-DC 的敲除损伤了 DC 从人类单核细胞的分化（体外实验）及从鼠骨髓细胞的分化（体内实验），降低了 DC 刺激 T 细胞激活的能力。他们发现 lnc-DC 介导的这些过程是通过激活转录因子 STAT3 来实现的，它在胞质中直接与 STAT3 结合，通过阻止 STAT3 与 SHP1 结合的脱磷酸化，促进 STAT3 酪氨酸-705 的磷酸化（Wang et al.，2014a）。此外，武汉大学付向东研究团队报道了多篇重大成果，他们发现只要对细胞中一种 RNA 结合蛋白 PTB 进行抑制，就可以诱导各种非神经细胞（包括肿瘤细胞）向神经元样细胞和功能神经元方向转分化。该项研究首次揭示剪接因子 PTB 蛋白在各种细胞中广泛调节 miRNA 和 mRNA 的相互作用，不仅揭示了作为剪接因子的 PTB 蛋白质另外一种不同的生物学功能，而且发现一条全新的 miRNA 调控的细胞重编程途径，它可以使各种非神经细胞向功能神经细胞方向转分化（Xue et al.，2013）。这一成果代表了我国在 miRNA 信号传导与细胞命运决定方面取得的重大突破。在另一项研究中，付向东团队发现在肌生成过程中 miR-1 能够进入线粒体中激活来源于线粒体基因组的 mRNA 的翻译。这与 miRNA 在胞质当中抑制 mRNA 的翻译刚好作用相反，揭示了 miRNA 的正向调控作用，以及在肌肉生成过程中 miR-1 在不同细胞区域中所发挥的协调作用

(Zhang et al., 2014b)。此外，中国科学院各院所、中国医学科学院、中国人民解放军军事医学科学院、中山大学、第二军医大学、四川大学、上海交通大学和上海肿瘤研究所等多个研究团队也都在国际一流的期刊上发表了重要的 RNA 生物学研究成果，这些研究团队的涌现和重要研究成果的发表，使我国在非编码 RNA 研究领域的国际地位逐渐上升。

我国在 RNA 技术及基因资源方面也打下了良好基础。中国科学院上海生命科学研究院植物生理生态研究所陈晓亚发明了一种有效、特异性抑制昆虫单氧酶基因 *P450* 表达的植物介导 RNA 干扰技术（Mao et al., 2007），具有重大应用价值。中国科学院遗传与发育生物研究所李家洋院士科研团队发现水稻的 miR-156 及其相关基因能使水稻向秆壮穗大的理想株型发展，揭示了水稻理想株型形成的分子调控机制，在高产育种中具有重要应用前景（Jiao et al., 2010）。这一研究成果入选科技部"2010 年度中国科学十大进展"。中山大学陈月琴发现 miR-397 对水稻籽粒大小及穗分枝的影响，发掘出第一个可以正调控水稻产量的非编码基因，为提高水稻等重要农作物产量提供了新的理论和技术（Zhang et al., 2013a）。中国科学院上海生命科学研究院植物生理生态研究所的王佳伟研究组发现，弯曲碎米荠的年龄决定了春化反应的敏感性，其成花诱导需要同时解除两个抑制因子，即 *FLC* 和 *TOE*1。其中 *FLC* 是春化途径的关键调控因子，持续的低温可以降低 *FLC* 的表达，而 *TOE*1 的表达则受到年龄途径关键因子 miR-156 的调节（Zhou et al., 2013）。中国科学院遗传与发育生物研究所曹晓风课题组通过对负责加工产生小 RNA 的酶 OsDCL3a 进行研究，揭示出依赖 OsDCL3a 的 24nt 小 RNA 主要通过调控转座子旁临基因的表达进而对水稻重要农艺性状精细调控（Wei et al., 2014）。此外，来自清华大学、北京生命科学研究所和华中农业大学等的多个研究团队也都在国际一流的期刊上发表了 RNA 资源及利用方面重要的成果。

在 RNA 转化医学方面，我国在 RNA 生物标志物、RNA 干扰技术和基于 RNA 技术的新药筛选平台的建立上取得了一系列进展。例如，香港中文大学研究人员发现母体血液中有胎儿的 DNA 与 RNA，为采用胎儿的循环核酸进行无创产前诊断奠定了基础，并在唐氏综合征筛查中取得应用（Lo et al., 1997）；南京大学张辰宇对血清 miRNA 作为癌症分子标志物的研究，推进了循环 miRNA 在临床中的应用（Chen et al., 2008a）；北京大学梁子才等在人工修饰的寡核苷酸的合成、双链 RNA 降解的序列规律，以及 RNA 干扰技术应用等方面推进 RNA 干扰药物的发展（Huang et al., 2009a）。我国也诞生了一系列核酸药物和非编码 RNA 技术等相关专利。加快非编码基因资源及技术的临床转化应用，将明显提升我国生物医药领域的持续创新能力，具有巨大的社会经济效益。

第五节 总 结

非编码 RNA 是当今重大科学前沿的研究热点，正在引领下阶段生命科学研究的发展。我国的非编码 RNA 研究起步时间与国际同行差距不大，是生命科学中有望取得国际领先地位的重要领域，是一个有可能取得原创突破的战略方向。对我国科学家来说当前既面临挑战，又充满机遇。2012 年 6 月，我国科学家召开了以"非编码 RNA 在重大生物学过程中的功能和机制"为主题的香山科学会议。与会专家建议：科学界要高度重视和支持非编码 RNA 科学的发展，国家有关部门要在国家层面进行战略部署。根据国内外研究现状，密切结合我国的实际情况，选择 RNA 研究的若干重大科学问题开展研究。进一步开创和完善我国非编码 RNA 研究体系，建立一定规模的非编码 RNA 结构与功能研究的队伍和平台，使我国的 RNA 研究尽快赶超国际先进水平。

近十多年来国内非编码 RNA 研究飞速发展，已在多个领域取得了一系列突出的研究成就，包括原创性的研究成果。在《Cell》《Nature》和《Science》等国际一流学术期刊发表了一批重要学术论文。特别是最近几年，一批年轻的科学家从国外回来，他们带来了新的学术思想，以及 RNA 研究的新方法和新技术。我国应该把握住非编码 RNA 领域的发展机遇，制订合理的学科发展战略计划，以确保我国在非编码基因生物学的科学前沿做出卓越的成绩。

第四章
RNA 研究的发展思路与发展方向

根据国家需求，结合我国的研究基础和国际研究热点及前沿，本书拟研究 RNA 领域中的若干基本科学问题，重点围绕"非编码 RNA 在遗传信息表达中的调控功能及机制"这一关键科学问题，我们将集中从以下七个方向开展研究，提出每个方向的发展前沿、关键科学问题及发展的若干建议。

(1) RNA 信息学：新的非编码 RNA 的发现，RNA 功能模块与结构的预测，RNA 与 RNA、RNA 和蛋白质相互作用的调控网络。

(2) RNA 生成、加工和降解：非编码 RNA 生成、加工和降解的分子机理及其功能意义。

(3) RNA 生理与遗传：非编码 RNA 对细胞命运决定、生殖、发育和遗传等重要生命活动的调控。

(4) RNA 结构生物学：RNA 的三维结构与动力学，RNA 与蛋白质、DNA 和小分子复合物的三维结构及功能意义。

(5) 非编码 RNA 与医学：非编码 RNA 在肿瘤、心血管疾病、代谢性疾病、神经系统疾病等疾病发生和发展中作用的分子机理，非编码 RNA 在疾病诊断中的意义，病原体中 RNA 与宿主的相互作用。

(6) 非编码 RNA 与农学：非编码 RNA 在植物生长、发育和抗逆等生理过程中调控的分子机理。

(7) 非编码 RNA 研究中的新方法和新技术。

下面，我们对这七个发展方向分别进行介绍。

第一节 RNA 信息学

一、概述

生物信息学是生命科学与计算科学、信息技术等多学科交叉的新兴学科。近年来,"人类基因组计划"的完成、"ENCODE 计划"和"千人基因组计划"的实施,以及各种各样的高通量生物实验技术的发展,使得生物学数据增长速度远远超过了摩尔定律对计算机处理能力增长的预期。生物信息学软件和资源提供了功能强大的方法去整合这些海量的测序数据并准确高效地从这些数据中提取出规律性的信息。

非编码 RNA 是遗传信息表达调控体系中不可或缺的成员,与多种生命现象和重大疾病密切相关。它们与蛋白质相互作用,在细胞中形成了一个尚未被人们所完全发现的 RNA 调控网络系统,精确地控制着细胞中蛋白质的表达谱,进而决定着各类细胞的功能及命运。各类高通量生物实验技术(尤其是芯片技术和新一代测序技术)为我们提供了从多个层面和角度解读这个复杂调控网络系统的可能。然而,要从这些超海量的多维高通量的数据中挖掘出非编码 RNA 的全局特性,并通过整合这些特性形成对非编码 RNA 的整体认识,需要解决一系列生物信息学理论与方法问题。当前,生物信息学在非编码 RNA 的研究中起到了关键作用,极大地推动了该领域的迅速发展。

除了 rRNA、tRNA、snRNA 等非编码 RNA 外,近年来发现多种非编码 RNA 在细胞中构成了高度复杂的 RNA 调控网络。然而迄今,已发现的非编码 RNA 也只是整个非编码 RNA 资源的冰山一角,如 lncRNA 的数目有可能高达 20 万(Guttman and Rinn, 2012)。因此,进一步发现和系统鉴别非编码 RNA 已成为当前非编码 RNA 研究的首要任务。但是,非编码 RNA 不含可翻译的开放读码框架(ORF),而且许多非编码 RNA 没有聚腺苷酸尾巴;序列和结构的进化保守性差;非编码 RNA 长度各异、大小不定等。因此,传统的蛋白质基因预测软件都无法适用,需根据非编码基因的序列和结构特征开发出新的预测算法。目前,计算 RNA 组学已经发展了许多算法进行非编码基因的预测。最早的是,开发新的计算机算法在基因组范围预测中等长度的那些非编码基因,如 tRNA 基因和 snoRNA 基因。最著名的是华盛顿大学医学院的 Eddy 实验室开发的 tRNAscan-SE 软件(Lowe and Eddy,1997),通过联合 tRNAscan 等三个方法快速查找 tRNA,然后通过二级结构协同变异模型（covariance model）过滤假阳性，最终它在人类基因组中实现99.5%的灵敏度和100%的特异性。1999年，Eddy实验室又首次开发了基于概率罚分模型的snoScan计算机软件，在酵母基因组中鉴定了20个box C/D snoRNA基因（Lowe and Eddy，1999）。随着调控型miRNA分子的发现，一大批新的miRNA预测软件被开发。最著名的是麻省理工学院的Bartel和Burge实验室联合开发的miRScan（Lim et al.，2003a；Lim et al.，2003b），联合概率罚分模型和比较基因组学的方法在线虫和人类基因组中分别鉴定了88个和188个miRNA，推测人类miRNA基因的上限是255个。在miRNA基因预测方面的一个突破是Plasterk实验室利用进化足迹法（phylogenetic shadowing）方法在哺乳动物中鉴定了接近1000个进化保守的miRNA基因，远远超过Bartel实验室估计的255个。由于lncRNA的分类主要是根据序列的长度（大于200nt），所以预测软件绝大多数都是基于编码潜能特征开发的。例如，CONC（Liu et al.，2006）和CPC（Kong et al.，2007）两个软件通过提取编码和非编码RNA的序列、结构、ORF长度和与蛋白质同源性等特征训练支持向量机模型去预测lncRNA。除了针对特殊类别的非编码RNA鉴定，计算生物学家还致力于鉴定所有类别的结构型非编码RNA。2001年Eddy实验室联合了比较基因组学和二级结构协同进化开发了QRNA软件，在细菌和酵母基因组中鉴定了大批的非编码基因（Rivas et al.，2001）。为了能够在大型的基因组（如哺乳动物）中鉴定结构型非编码RNA，Hofacker和Stadler实验室在2004年基于保守结构的热力学稳定性和支持向量机的回归模型开发了RNAz软件，在人类基因组中鉴定了成千上万的结构型非编码基因（Washietl et al.，2005）。

鉴定与非编码RNA相互作用的分子是认识其生物学功能与调控机制的基础。miRNA具有重要的生物功能和特殊的靶标结合机制，成为功能靶标预测算法的主要研究对象。如今，已诞生了数十种同类的预测软件，研究结合各种各样的过滤标准（如种子序列、进化保守和最小自由能等）和算法（如隐马尔可夫模型和支持向量机等）来预测非编码RNA的靶标。2003年，Bartel和Burge实验室再次联合开发了TargetScan软件用于哺乳动物miRNA靶标的预测（Lewis et al.，2003）。TargetScan软件根据miRNA和靶标互补配对构成的RNA二聚体的自由能特性和靶位点在不同物种间的保守性设计而成。他们不仅对该算法的假阳性率进行了精确评判，还对其预测结果进行了实验验证。同在2003年，Marks实验室开发了基于序列间的互补性、miRNA-靶标二聚体分子的热稳定性、靶位点的保守性的软件miRanda，该软件在黑腹果蝇中鉴定了 535 个潜在的 miRNA 靶基因（Enright et al.，2003）。2004~2007 年研究者开发了几个重要的基于各种序列特征和计算机模型的 miRNA 靶标预测软件，包括基于隐马尔可夫模型的 PicTar（Krek et al.，2005）、基于 RNA 杂交自由能的 RNAhybrid（Rehmsmeier et al.，2004）、基于模式算法的 RNA22 软件（Miranda et al.，2006）、基于靶标可趋近性（accessibility）的 PITA（Kertesz et al.，2007），以及更新版本的 TargetScan（Lewis et al.，2005）。根据这些 miRNA 靶标预测软件的估计得出人类基因组中超过 30% 的蛋白质基因受 miRNA 调控的结论。

虽然基于基因组序列鉴定的计算机方法能够鉴定非编码 RNA 及其靶基因，但是在占人类基因组 98% 的非编码区中（Lander et al.，2001）预测非编码 RNA 基因及其靶标对计算机算法的灵敏度、特异性和运算速度都提出了非常大的挑战。而且，在计算机预测非编码 RNA 及其靶标后进行实验验证，也因为非编码 RNA 的组织特异性表达和计算机方法的高假阳性率而受阻。高效、灵敏和更低花费的新一代高通量测序平台（如 Illumina/Solexa、Ion Torrent 和 Roche/454）为我们打开了鉴定非编码 RNA 及其靶标的大门。2008 年，Rajewsky 首次开发了 miRDeep 软件，根据 Illumina/Solexa 的测序结果，依据测序 reads 在 miRNA 前体序列的分布特征、二级结构序列特征和 read 的丰度建立贝叶斯概率罚分模型在大规模测序数据中预测可能的 miRNA 基因（Friedlander et al.，2008），应用于线虫、家犬（*Canis familiaris*）和人类的测序数据，最终找到 230 个全新的 miRNA，并通过 Northern 杂交实验验证了随机挑选的候选分子。2009 年，屈良鹄实验室根据测序 read 在 snoRNA 上的特征分布开发了 snoSeekerNGS 软件，在 7 个物种的多个小 RNA 测序数据中鉴定了 1800 多个 snoRNA 基因（Yang et al.，2010）。此外，多个实验室也开发了基于新一代测序技术的非编码 RNA 靶标和互作分子鉴定高通量实验技术，包括 HITS-CLIP/CLIP-Seq（Chi et al.，2009）、PAR-CLIP（Hafner et al.，2010）、iCLIP（Konig et al.，2010）等。2011 年，Ohler 实验室开发了基于高斯核密度（Gaussian kernel density）估计 T 到 C 突变的软件 PARalyzer，在 PAR-CLIP 测序数据中鉴定 RNA 结合蛋白的结合位点，并基于此在 Ago 测序数据中鉴定 miRNA 的靶标（Corcoran et al.，2011）。同在 2011 年，CLIP-Seq 发明者 Darnell 实验室开发了基于 CLIP 实验会导致结合位点处的核苷酸删除原理的 CIMS 软件，在单核苷酸精度上预测 Ago 等 RNA 结合蛋白的结合位点（Zhang and Darnell，2011）。综上所述，联合生物信息学技术和应用低成本的新一代深度测序技术能够快速测定数百万个标签序列，为解密非编码 RNA 表达和互作图谱提供了独一无二的方法。

随着新一代测序技术和芯片技术的发展，目前 NCBI 的 GEO/SRA 和 EBI ArrayExpress 数据库已经收录了大量已公布的疾病相关的功能基因组数据。尤其是近几年癌症基因组（cancer genome）的研究在国内外进行得如火如荼。目前，国际上已经有很多关于癌症基因组的大型研究项目，如美国的癌症基因组图集（The Cancer Genome Atlas，TCGA）（Cancer Genome Atlas Research，2008）、联合多个国家的国际癌症基因组联盟（International Cancer Genome Consortium，ICGC）（Zhang et al.，2011）、Sanger 中心的癌体细胞突变目录（Catalogue Of Somatic Mutations In Cancer，COSMIC）（Bamford et al.，2004）等，都利用芯片和新一代测序等技术产生了多种类型的肿瘤相关的数据，这些都为肿瘤中重要非编码 RNA 的研究提供了宝贵的资源。然而，如何利用这些海量的疾病基因组学数据却是一项很大的挑战。以往，这些实验数据往往只被用于编码蛋白质的基因（即转录生成 mRNA 的基因）研究，很多关于非编码 RNA 的注释并不是十分清楚。因此，若要利用该数据进行非编码 RNA 的研究，必须首先对已有的各种数据类型进行系统全面的注释和解析，这将是一个庞大而复杂的生物信息学工程。

二、关键科学问题

在人类等高等真核生物中存在一个隐蔽的"调控 RNA 世界"，即由数目巨大的非编码 RNA 组成了细胞中一个尚未被人们所完全发现的 RNA 调控网络。如何在海量的生物数据中系统地、大规模地识别和鉴定各种非编码 RNA 及其基因的结构、进化、功能和调控机制是该领域的关键科学问题。

三、发展思路

围绕上述关键科学问题，发展针对非编码 RNA 的信息学理论和算法，包括非编码 RNA 鉴定的数学模型、非编码 RNA 调控网络建模和数学描述等；发展基于海量生物数据的多维高通量非编码 RNA 的识别和功能解析生物信息学技术体系；建立基于超算平台的国际领先的非编码 RNA 知识库和分析平台，为国内非编码 RNA 的功能研究和转化应用提供新的资源。

四、前沿方向及研究内容

该领域的前沿方向包括：①构建针对非编码 RNA 结构和功能预测的算

法、数学模型、数据库和分析服务平台；②系统发掘新的非编码基因资源和高通量解析非编码RNA的调控网络功能；③开发基于非编码RNA的临床和农业等转化应用生物信息技术平台。

围绕上述RNA信息学前沿方向，在人类、小鼠和水稻等动植物模式生物中，着重进行以下几方面内容的研究。

（一）新的非编码RNA及家族的系统鉴定和分类

主要从新一代测序和组学数据中提取非编码RNA特征信息，开发基于这些特征信息的数学模型、智能模式识别和机器学习方法，在动植物模式生物中系统识别和鉴定各类非编码RNA基因，包括miRNA、内源siRNA、piRNA、lncRNA、circRNA、snoRNA及一些起源于基因组注释元件的非编码RNA等。进一步地，对新的非编码RNA家族进行系统分类：研究与特定RNA结合蛋白结合的非编码RNA的特征、特定亚细胞结构中的非编码RNA特征和特定大小的非编码RNA的特征，开发基于这些特征的计算识别方法，鉴定新的非编码家族。根据非编码RNA家族成员的加工生成途径、结构特征、亚细胞定位及表达特征等信息，创立全面系统的非编码RNA家族目录谱系。重点研究lncRNA的合理分类。

（二）非编码RNA的二级和高级结构的准确预测

非编码RNA的结构特征往往决定和预示了它的结合靶标和生物学功能。将高通量的结构测序实验数据（如DMS-Seq、icSHAPE等）整合进RNA二级结构预测算法（包括基于自由能最小的算法和随机上下文无关文法等），在动植物模式生物中准确地构建各类非编码RNA二级结构。重点发展和开发新的算法对lncRNA的结构进行预测并以此对其进行分类，并研究其和其他分子（如蛋白质）相互作用的影响。

（三）构建非编码RNA的时空动态表达图集

系统研究RNA测序数据和芯片数据处理与分析的方法，通过对芯片数据和测序数据的精确处理构建非编码RNA的转录图谱。重点发展和研究非编码基因差异表达的统计检验方法。研究非编码RNA在不同样本间、不同疾病状态（如癌症）间、不同时空间、不同发育过程和不同物种间的表达规律和统计比较方法等。

（四）非编码 RNA 的靶标组、转录和转录后调控网络的系统鉴定

非编码 RNA 靶标组的系统鉴定主要是研究非编码 RNA 与靶标的相互作用的规律和特征，开发基于这些特征信息的非编码 RNA 功能靶标识别技术。采用 HITS-CLIP 和 PAR-CLIP 等高通量技术的数据开发新的算法可靠地鉴定非编码 RNA 的靶标。最后是预测和研究非编码 RNA 相关的功能和时空动态调控网络特性。非编码 RNA 和蛋白质组合在一起所构成的调控网络是非线性、多组分的，具有非单一组分组成的数学特征，所以需要整合多维高通量的测序数据，发展新的网络功能表征指标，构建非编码 RNA-蛋白质基因共同表达调控网络、转录因子—非编码 RNA 转录调控网络和 RNA-RNA 互作网络的方法，开发从网络中挖掘关键的调控模块，预测非编码 RNA 功能。开发整合多种高通量测序实验数据确定非编码 RNA 修饰和编辑位点的计算方法，并结合其他功能基因组学的数据（如 CLIP-Seq 数据和 RNA 二级结构信息），推断这些加工过程、修饰和编辑位点的生物学功能。

（五）海量数据中鉴定和研究与生理和病理相关的非编码 RNA

整合临床信息与 RNA 深度测序数据，鉴定不同类型或不同阶段疾病的非编码 RNA 表达特征，发现与重大疾病相关的非编码 RNA 网络及表达变化规律，筛选临床诊断、预后或者个性化用药相关的非编码 RNA 标志物。明确与疾病相关的基因组突变位点（如 GWAS SNP 和来自 TCGA、ICGC 及 COSMIC 等癌症基因组大数据集的体细胞突变位点）对非编码 RNA 的转录后调控（如二级结构、加工处理、蛋白质结合、miRNA 结合）以及生物学功能的影响；建立突变位点—RNA 的转录后调控—疾病表型的预测模型。整合来自多种组织和细胞的 RNA 测序数据，以及基因表达调控网络和蛋白质相互作用网络的数据，开发新的计算机方法鉴定参与调控细胞分化状态的重要非编码 RNA，指导利用非编码 RNA 进行更有效的细胞重编程过程。

（六）非编码 RNA 的进化分析

利用来自多个物种（尤其是哺乳动物）的 RNA 深度测序数据，系统鉴定并注释各物种基因组中的非编码基因，发展更有效和敏感的序列比对方法，鉴定物种间序列保守的非编码 RNA。此外，对于大量序列不保守的物种特异性非编码 RNA，需要进一步明确它们到底是进化的副产物或者转录的噪声，还是具有物种特异性的生物学功能。

（七）建立可视化交互的非编码 RNA 知识库和 RNA 组学分析平台

为了能快速从海量数据中挖掘出非编码 RNA 相关的规律性知识，全面认识非编码 RNA 的调控网络系统，推动生物技术资源优势转化为产业发展优势，本研究领域应加快开发可视化交互的服务平台，解决目前面临的海量数据分析的瓶颈问题，形成一体化的技术分析路线，高效发现非编码 RNA 相关的新药分子或作用靶标，对国内研究人员进行理论指导和技术服务。

五、发展目标

通过对非编码 RNA 信息学的研究的持续资助，经过 5~10 年的发展，实现以下发展目标：①在非编码 RNA 的鉴定方面，取得一批突破性的计算 RNA 组学技术和研究进展；②建立解析各种非编码 RNA 功能和调控网络的计算 RNA 组学理论和技术体系；③开发新的算法和技术以发掘一批可用于人类重要疾病诊断和治疗的非编码 RNA 标志物；④建立国际先进的非编码 RNA 知识库和 RNA 组学分析平台。

六、我们的优势

国内非编码 RNA 研究起步较早，带动了 RNA 信息学的迅速发展，我国科学家在非编码 RNA 系统识别和鉴定、功能靶标研究、转录调控网络和疾病 RNA 信息学等方面已经开发了相应的计算 RNA 组学技术和平台。统计发现，我国研究人员开发的非编码 RNA 相关的软件和平台占国际上发表的 39%，具有较大的优势。此外，排名全球第一的超级计算机——"天河二号"也用于建立可视化交互的 RNA 组学分析超算云平台，将推动国内非编码 RNA 相关的生物信息学理论与方法的迅速发展。

（一）非编码基因的识别和鉴定的优势

研究已经表明，已发现的非编码 RNA 也只是整体非编码 RNA 资源的冰山一角，如 lncRNA 的数目有可能高达 20 万。进一步发现和系统鉴别非编码 RNA 已成为当前的首要任务。

2005 年，由陈润生院士带领中国科学院计算技术研究所和中国科学院生物物理研究所开发了非编码 RNA 科学数据库——NONCODE，提出了一套以非编码 RNA 所参与的细胞生化过程和在此过程中发挥的功能为标准的"过程功能"分类系统（Bu et al.，2012）。该文章发表后，《Science》杂志做了专门介绍，并被收录到 ISI Web of Knowledge。同年，清华大学张学工教授团队开发了 miRNA 同源预测软件 miRAlign（Wang et al.，2005）和基于支持向量机预测 miRNA 基因的软件 triplet-SVM（Xue et al.，2005）。2006年，中山大学屈良鹄教授团队开发了基于概率罚分模型的 snoSeeker 软件包（Yang et al.，2006），在人类基因组中大规模鉴定 snoRNA，并用实验进一步验证预测结果。2007 年，北京大学魏丽萍教授开发了基于支持向量机预测核酸序列的编码潜能的软件 CPC（Kong et al.，2007），进而区分蛋白质和非编码基因。2008 年，北京大学崔庆华教授挖掘了大量发表的文献，开发了 HMDD 数据库，构建了人类 miRNA 和疾病的关系网络（Lu et al.，2008）。2009 年，哈尔滨工业大学开发的数据库 miR2Disease（Jiang et al.，2009），旨在为全世界的科研工作者提供一个全面的与疾病相关的 miRNA 数据资源平台。2013 年，北京大学崔庆华教授又开发出 lncRNA 疾病的数据库——LncRNADisease（Chen et al.，2013），构建了 160 多种疾病与 lncRNA 的关系网络。随后，国内开发了大批在基因组中鉴定非编码 RNA 的软件和数据库平台。新一代测序技术为人类非编码 RNA 的鉴定、功能和临床诊断提供了前所未有的机遇和挑战。2009 年，中山大学屈良鹄教授团队，开发了新一代大规模测序分析平台 deepBase（Yang et al.，2010），开发了 snoSeekerNGS 软件包，分析了 3 亿 7000 多万条测序序列，在人类和其他模式生物中注释和鉴定大批非编码 RNA。2010 年，宁波大学整合国际上的 miRDeep 软件，建立了基于新一代测序数据鉴定 miRNA 的网页版的服务软件 mirTools（Zhu et al.，2010）。2011 年，中山大学屈良鹄教授团队开发了基于机器学习算法的 mirExplorer 软件，在转录组和基因组的水平鉴定 miR-NA 基因（Guan et al.，2011）。2013 年，香港中文大学开发了基于 RNA-Seq 鉴定 lncRNA 的软件 iSeeRNA，等等（Sun et al.，2013）。2014 年，清华大学鲁志团队开发了基于机器学习算法的 RNAfeature，系统鉴定了非编码 RNA 所共有的序列、结构、表达及表观遗传修饰等特征（Hu et al.，2015a），该方法被应用在人类和模式基因组注释计划（ENCODE、modEN-CODE）当中用于注释新的非编码 RNA（Gerstein et al.，2014）。

（二）非编码 RNA 靶标组和功能调控网络预测平台的优势

鉴定非编码 RNA 靶标基因是认识其生物学功能与调控机制的基础。通过预测非编码 RNA 的靶向重要生物学通路的基因，往往能够表明非编码 RNA 具有重要的生物学功能。然而，由于非编码 RNA 与靶标的互作只需很少的碱基配对（如哺乳动物细胞中 miRNA 只需 6 个核苷酸配对）就可以调控靶基因，导致目前开发的算法都有非常高的假阳性。因此，开发新的非编码 RNA 靶标和功能网络预测方法和技术是目前亟待解决的重要问题。

台湾交通大学的黄宪达教授团队在 2006 年和 2011 年分别开发了 miRNAmap（Hsu et al.，2008）和 miRTarBase（Hsu et al.，2011）数据库平台整合和分析计算机预测和实验证实的 miRNA 和靶标之间的互作组。2008 年，清华大学深圳研究生院的张雅鸥教授团队引入中心环原则来开发微小 RNA 的靶基因预测软件 FindTar3，为 miRNA 的功能研究提供了新的生物信息学工具（Ye et al.，2008）。2010 年，屈良鹄教授团队针对基于基因组序列鉴定非编码 RNA 靶标的高假阳性率的问题，开发了首个基于 CLIP-Seq 和 Degradome-Seq 新一代测序数据鉴定非编码 RNA 的功能靶标组的生物信息平台 starBase（Yang et al.，2011a）。通过对已有的 CLIP-Seq 实验数据的深度挖掘和分析，starBase 鉴定了约 40 万个 miRNA 与靶标的调控关系，预测了 miRNA 靶向蛋白质的功能富集通路。最近，starBase V2.0 整合了大规模的 CLIP-Seq 数据鉴定了 RNA-RNA 和 protein-RNA 的互作网络（Li et al.，2014a）。2015 年，该团队还利用 Degradome-Seq 数据开发了 StarScan 网页服务平台，发现了大批植物和动物的 miRNA 切割靶标的事件（Liu et al.，2015a）。2012 年，复旦大学的郑云博士也利用 Degradome-Seq 数据开发了 SeqTar 软件包，鉴定了一批植物 miRNA 的靶标等（Zheng et al.，2012）。

2010 年，哈尔滨医科大学的李霞教授团队基于 miRNA 的共调控功能模块和疾病 miRNA 的拓扑特征构建了 miRNA-miRNA 的协调网络（Xu et al.，2011）。2010 年，北京大学的崔庆华教授团队调研了大约 5000 篇文献鉴定了几百个转录因子和 miRNA 的调控网络，构建了 TransmiR 数据库（Wang et al.，2010a）。2011 年和 2013 年，陈润生院士和赵屹团队开发了 ncFans 软件平台（Liao et al.，2011a），构建了 lncRNA-mRNA 的共表达网络和双色网络关系（Guo et al.，2013），在人类和小鼠基因组中预测大批的非编码 RNA 的功能。2013 年，屈良鹄教授团队整合新一代测序数据开发了 ACTlocater（Xiao et al.，2013）和 ChIPBase（Yang et al.，2013a）生物信息学平台。ACTlocater 软件联合了 DNase-Seq、FAIRE-Seq 和进化保守性，在人类基因组中鉴定了大批的转录因子-miRNA 的互作网络，并实验验证了部分结果。ChIPBase 平台整合了 ChIP-Seq 测序数据研究各类非编码 RNA（miRNA、lncRNA、snoRNA 等）的转录调控网络，并整合 RNA-Seq 测序数据研究 lncRNA 和 mRNA 在各个组织的表达图谱。2014 年，屈良鹄教授团队又基于 CLIP-Seq 数据支持的 miRNA-target 互作开发新算法从 ceRNA 调控网络预测非编码 RNA 的功能（Li et al.，2014a）。

综上所述，我国在非编码 RNA 系统识别和鉴定、功能靶标研究和转录调控网络等方面已经开发了相应的计算 RNA 组学技术和平台，形成了鲜明的特色和优势。值得期待的是，国内的计算 RNA 组学研究团队能够与实验 RNA 组学团队紧密合作，共同推进我国非编码 RNA 研究的快速发展。

第二节 RNA 生成、加工和降解

一、概述

RNA 的生成和降解是编码和非编码基因转录产物自身代谢的重要组成部分，这些过程使得基因表达在转录后水平实现精密的调控。在真核细胞中，基因组 DNA 转录后初生成的 RNA 必须要经过诸如 5'加帽、剪接、3'加尾、编辑、修饰等加工过程，才能成为具有生物活性的成熟 RNA 分子，每个环节都可成为基因表达的重要调控节点（Darnell，2013），从而组成复杂的真核细胞调控网络。

RNA 的选择性剪接是一种增加生物体基因组多样性的主要途径，被生物体广泛用来调控基因表达（Black，2003）。经过 30 多年的研究，RNA 剪接机制取得了许多重要的研究成果，阐明了剪接体的核心组分和剪接反应的催化机制（Hoskins and Moore，2012），但仍有一些重大问题有待于研究揭示。剪接体由 5 种 snRNA 和超过 150 种蛋白质组成，这一超大 RNA-蛋白质复合物的组装和催化是一个复杂动态的过程，涉及大量的大分子间的空间构象重排（Staley and Guthrie，1998）。同时，哺乳动物中几十万个长度不一、序列不同的内含子需要被剪接剔除，是一极其复杂的过程。因此，剪接体的组装、催化效率及保真性等调控机制需要进一步的深入研究。

mRNA 的 3'末端形成多聚腺苷酸化尾［poly（A）］是 RNA 成熟的最后关键步骤。目前发现有超过 70% 的人类基因可选择在不同的位点加 poly（A）尾（Elkon et al.，2013；Tian et al.，2005），这称为 mRNA 的选择性多聚腺苷酸化（alternative polyadenylation，APA）。如果 poly（A）位点的选择发生在内含子区域，通常使得蛋白质的羧端区域不同；而如果选择发生在 3'非翻译区（3' UTR），可使得产生的 RNA 具有不同长度的 3' UTR，从而影响 RNA 的稳定性、细胞内定位和翻译效率。因此这一现象在选择性剪接的基础上进一步增加了转录组的复杂性。近年来，高通量测序技术的进展使得人们可以从全基因组的范围内检测 APA（Campo et al.，2013；Elkon et al.，2013；Fu et al.，2011），并发现在发育和分化过程中更多基因倾向选择远端 poly（A）位点，而在神经元活化、细胞增殖、细胞癌变等过程中更多基因倾向选择近端 poly（A）位点（Elkon et al.，2013；Mayr and Bartel，2009；Sandberg et al.，2008）。APA 的调控失衡与疾病产生有密切关系。3' UTR的突变，特别是 poly（A）信号序列的突变，与包括地中海贫血、易栓症、*CCND*1 基因介导的白血病等在内的多种疾病有显著关联（Di Giammartino et al.，2011），因此研究 APA 的下游效应及其上游调控机制不仅对于理解 RNA 加工本身有重要价值，而且对于揭示疾病的分子机制乃至今后通过干预 APA 来治疗疾病也具有重要应用价值。

RNA 修饰及其调控机制和功能是近期的研究热点，虽然几十年前研究人员就已经知道 mRNA 上存在 N6-甲基腺嘌呤（m^6A）化学修饰，tRNA 和 rRNA 上也存在大量的各种修饰，但对 RNA 上这些修饰的功能和调控机制知之甚少。目前已经发现 RNA 存在超过 150 种的化学修饰碱基，如 m^6A、N7-甲基鸟嘌呤（m^7G）、2'-O-甲基化碱基（Nm）、5-甲基胞嘧啶（m^5C）和假尿嘧啶（ψ）等，广泛分布于 mRNA 及非编码 RNA——rRNA、tRNA 和 lncRNA 等各种 RNA 中，调控所修饰 RNA 的加工、代谢及其功能，为中心法则增加了除表观基因组和表观蛋白质组之外一种新的表观转录组的调控层次。RNA 的修饰与多种人类疾病相关，例如，人胞质及线粒体 tRNA 的多种转录后修饰缺陷会导致如糖尿病、智力障碍、线粒体疾病综合征等一系列重大疾病（Torres et al.，2014）。而 RNA 的 m^6A 修饰是迄今唯一被证明受到相应修饰酶动态调控的、类似于 DNA 甲基化的可逆修饰（Niu et al.，2013；Wang and He，2014）。功能研究表明，这一修饰与减数分裂密切相关（Schwartz et al.，2013），且该修饰的异常会导致不育（Zheng et al.，2013），并且参与调控 RNA 的加工（Xiao et al.，2016）和降解（Du et al.，2016；Wang et al.，2014c）。此外，该修饰发生在 mRNA 的 5' UTR 区域时还能促进非依赖于 5'帽子结构的翻译，是翻译调控的另外一种机制（Meyer et al.，2015；Zhou et al.，2015a）。因此，RNA 修饰对生物体具有重要的调控潜力，鉴定新的 RNA 修饰及其调控机制和功能是阐明 RNA 自身代谢和发挥调控功能的重要基础。

细胞核内转录和加工后生成的各种 RNA 需要转运至各自特定的亚细胞区域才能正确行使其功能（Maniatis and Reed，2002；Moore and Proudfoot，

2009)。RNA 种类和作用区域的多样性使得研究生物体内 RNA 的运输变得至关重要。尽管已知绝大部分线形 lncRNA 与 mRNA 类似，但目前仍缺乏对于 lncRNA 生成、加工及转运机制的深入研究报道。lncRNA 具有与 mRNA 类似的结构，其转录、加工及转运的机制可能与 mRNA 类似。但是一些区别于 mRNA 的特点使 lncRNA 的研究具有其独特性。

细胞内 RNA 的表达水平由 RNA 产生和降解的动态平衡决定，因此 RNA 的稳定性调控是细胞基因表达调控的重要手段之一。细胞中 RNA 的半衰期变化可以从几十分钟到几天，差异巨大，受到多种机制的精密调控。因而 RNA 质控与降解系统是细胞生命活动过程遗传信息精确传递和生理功能正确发挥的关键调控点（Schoenberg and Maquat，2012）。大量 mRNA、lncRNA 和非编码小 RNA 的命运决定机制需要深入系统的研究来揭示。细胞内存在多种核酸酶参与 RNA 降解（Parker and Song，2004），这些核酸酶如何对 RNA 底物进行选择，如何在 RNA 降解过程中分工与协作，以及它们各自特殊的细胞定位对其功能的发挥有何影响仍有很多未知。细胞内一些重要 RNA 的降解受到精确而迅速的调控。例如，细胞因子和淋巴因子等基因的 mRNA，当受到内源或外源刺激时被快速降解（Schott and Stoecklin，2010）。研究这些 mRNA 响应外界环境变化的上游信号通路，以及引导它们发生降解的反式调控因子及其修饰（如相关 RNA 结合蛋白的磷酸化、泛素化和甲基化修饰等），对理解细胞如何调控 RNA 稳定性具有重要意义。细胞内有一些高表达基因的 mRNA 非常稳定（Holcik and Liebhaber，1997），研究这些 mRNA 被选择性保护而长期稳定存于细胞中免于降解的机制，将为深入理解 RNA 降解调控的生物学功能提供重要线索。

非编码小 RNA 近年来成为生命科学研究领域的热点。目前已知的具有重要功能的非编码小 RNA，包括微小 RNA（microRNA，miRNA）、PIWI 蛋白相互作用 RNA（Piwi-interacting RNA，piRNA）、小干扰 RNA（small interfering RNA，siRNA）和 DNA 双链断裂诱导 RNA（double-strand break-induced small RNA，diRNA）等。miRNA 在动物中主要通过部分碱基互补配对抑制靶标 mRNA 的翻译或诱导其降解，在转录后水平负调控基因表达，但在生物体不同组织器官和发育阶段，miRNA 通过结合不同的蛋白质分子，采用不同的调控机制选择性地发挥作用（如参与表观遗传修饰和转录调控等），各种新的 miRNA 调控机制不断被发现。piRNA 是生殖系细胞中的一类特殊的非编码小 RNA，长度为 24~32 nt，来源于基因组中的 piRNA 簇或转座子区域，由长的单链转录本前体并以一种"乒乓循环"的机制或

phasing 特征来切割加工产生（Han et al.，2015；Mohn et al.，2015；Weick and Miska，2014），通过特异性地与 PIWI 蛋白亚家族的成员相互作用，在转录和转录后水平沉默基因组中外来的自私性遗传元件（selfish genetic elements）（如转座子和逆转座子），以保证生殖系细胞基因组的稳定性，在配子形成过程中发挥重要作用（Malone and Hannon，2009）。RNA 干扰（RNA interfering，RNAi）是真核生物中由长度为 21 nt 的 siRNA 介导的基因沉默现象（Fire et al.，1998）。siRNA 在细胞质内与包括 AGO 在内的相关蛋白质结合形成 RNA 诱导的沉默复合体（RNA-induced silencing complex，RISC），通过碱基互补配对识别靶标 RNA，利用 AGO 蛋白的核酸内切酶活性切割与 siRNA 完全互补配对的靶标 RNA，从而在转录后水平抑制靶基因的表达，在探索基因功能以及作为小分子核酸药物进行疾病治疗中都有巨大的应用潜力（Castanotto and Rossi，2009）。而在动物的卵子中存在大量由细胞基因组自身编码产生的内源 siRNA（endo-siRNA），它们来源于正义-反义 RNA 链或长茎环结构的 RNA 前体（Tam et al.，2008）。目前认为 endo-siRNA 主要通过完全互补配对的方式识别靶标 RNA，通过内切核酸酶的作用将 RNA 切断导致靶标 RNA 被快速降解，从而在转录后水平对基因，特别是对反转座子的表达起重要的抑制作用。DNA 双链断裂（double strand break，DSB）是真核生物中后果最严重的基因组损伤之一，与包括癌症在内的多种疾病密切相关。近期的研究发现一类长度与 miRNA 和 siRNA 类似的非编码小 RNA——diRNA，在 DSB 修复中起重要作用，进一步拓展了非编码小 RNA 的功能（Gao et al.，2014；Wei et al.，2012）。此外还有 tRNA、rRNA 和重复序列等来源的多种小 RNA。tRNA 来源的被核酸酶切割生成的小 RNA 在肿瘤（Goodarzi et al.，2015）和跨代遗传（Chen et al.，2016）中有重要功能。

而细胞内数量更为庞大的非编码 RNA 是基因组转录产物中存在的 lncRNA 和 circRNA，总数已经接近 mRNA，并且还在迅速增长。已有的研究成果表明，lncRNA 广泛参与细胞中多种重要的功能调控，包括表观遗传学调控、转录调控、miRNA 网络调控、细胞核亚结构维持调控、发育调控、干细胞多能性和体细胞重编程调控及疾病发生等（Ulitsky and Bartel，2013）。在表观遗传水平，lncRNA 通过顺式（in cis）（Zhao et al.，2008）和反式（in trans）（Rinn et al.，2007）两种作用方式，招募染色体修饰相关的蛋白质复合物，对靶基因相关区域进行表观遗传修饰，从而实现对靶基因的调控。在转录水平，lncRNA 结合转录因子，直接促进或抑制靶基因的转录。在转录后水平，lncRNA 和 circRNA 通过调控 miRNA 实现功能，如通过内源竞争性 RNA（competing endogenous RNA，ceRNA）模式间接调控靶基因的表达（Salmena et al.，2011），或通过其含有的蛋白质结合位点调控特定蛋白质的定位和功能（Yin et al.，2012）。此外，lncRNA 也参与细胞核亚结构和染色体结构的维持及功能调控（Chen and Carmichael，2009；Hacisuleyman et al.，2014）。增强子 RNA 和超级增强子转录的 lncRNA 在调控基因表达和染色质高级结构中扮演十分重要的角色（Lai et al.，2015；Meng et al.，2014；Orom et al.，2010；Xiang et al.，2014）。近年来随着新技术的发展，如非 poly（A）转录组的分离纯化和测序（Yang et al.，2011b），具有全新结构的 lncRNA 不断被发现，其中包括内含子来源的两端以 snoRNA 结尾的 lncRNA（Yin et al.，2012）和上万条 circRNA（Jeck et al.，2013；Memczak et al.，2013；Salzman et al.，2012；Zhang et al.，2014c；Zhang et al.，2013b）等。最新研究表明，互补配对的 Alu 元件可以介导 circRNA 的形成（Yang，2015；Zhang et al.，2014a）。各种新的非编码 RNA 及其生成、加工、降解和发挥功能的新机制不断被发现，远远超出过去研究的预期。

因此，研究不同种类 RNA 的自身代谢相关过程及其发挥功能的分子机制，不但能够加深人们对 RNA 自身命运的认识，而且可以揭示新的基因表达调控模式，提出新的 RNA 调控理论，也将为相关疾病、药物等研究提供理论指导。

二、关键科学问题

RNA 生成、降解和作用机制的研究是了解 RNA 代谢和如何发挥功能的关键，随着近年来大量非编码 RNA 的发现，新的机制和理论不断被提出，给 RNA 的代谢和机制研究带来了新的挑战和机遇。

（1）RNA 的加工和修饰。RNA 剪接调控及其机制；RNA 的运输和定位的机制及其调控功能；RNA 3'端的选择性多聚腺苷酸化调控机制；RNA 加工与上下游其他步骤间的偶联机制；各类 RNA 的修饰和调控功能；RNA 异常加工、修饰与重要疾病间的关联等。

（2）RNA 的转运和定位。研究 RNA 核质双向转运定位及其重要反式因子与转录、加工、翻译、降解等过程的偶联机制；非编码 RNA 定位调控机制及其与基因组表达调控的关系等。

（3）RNA 的稳定性调控。RNA 加工、转运、翻译过程的质控系统及其相应的降解调控机制；鉴定非编码 RNA 自身降解相关的顺式元件和反式因子及其作用机制；研究非编码 RNA 对 mRNA 与其他非编码 RNA 的降解调控机制等。

(4) 小 RNA 的作用机制。发掘新型小 RNA 及其新的作用机理和调控功能；研究小 RNA 在细胞核和细胞器中在转录和表观遗传水平发挥调控功能的机制；揭示小 RNA 在各种不同细胞类型，包括精子和卵子中的特异性调控功能和机制。

(5) lncRNA 的作用机制。整合新手段系统发现新的 lncRNA 及功能性 lncRNA；研究它们与其他生物大分子，包括蛋白质和染色体的相互作用；研究它们的生物学效应及作用机制，如在表观遗传学、转录和转录后调控、发育及重大疾病中的功能和机制；研究它们作为重大疾病分子标记及治疗靶点的潜力。

三、发展思路

在国际上，经过长期的发展，关于 mRNA、tRNA 和 rRNA 等经典 RNA 的自身代谢及其调控，已经取得了较为全面而系统的进展，是成熟的研究领域。但随着新技术和方法的应用，许多在过去无法研究的重要问题被重新发现和阐明，继续保持着活跃的生机。而在非编码 RNA 领域，对小 RNA 和 lncRNA 的自身代谢和作用机制的研究还处在婴儿时期。虽已取得了一些重要发现，但发展空间仍然很大，加强这方面的研究可望取得突破性进展。因此我们建议在继续系统研究 RNA 生成、加工和降解的调控机理的基础上，利用已有的研究 mRNA 和其他经典 RNA 的技术、知识和人员基础，重视发展新的技术和研究方法，更为侧重进行非编码小 RNA 和 lncRNA 的自身代谢和作用机制，以及非编码 RNA 间互作的研究。在 RNA 各个研究方向均衡全面发展的同时，力争在新兴领域的前沿取得基础性的突破，提出有关 RNA 调控的新理论和新概念，建立有特色的研究方向，开拓新的研究领域，并引领其发展，成为国际 RNA 研究力量中的领跑者。

四、前沿方向及研究内容

虽然 RNA 的生成、降解和作用机制的研究已经取得了很多重要的进展，但越来越多的研究提示我们，RNA 世界的复杂度远远超出我们原有的认识和预期，该领域中存在大量重要的基础性的科学问题亟待解答。

(一) RNA 的剪接调控机制

1. RNA 剪接的调控和保真性机制

(1) 研究表明，选择性剪接与分化、发育和疾病密切相关 (Kim et al.，2008)。近年来高通量转录组研究显示人类基因组中约 95% 的基因会发生选择性剪接，产生大量不同的剪接产物 (Pan et al.，2008)，但这一现象究竟该归因于剪接系统的不严谨性，还是受到极其复杂的调控机制所致尚需深入研究。细胞中任何催化反应的效率与准确性之间均存在一定的平衡关系，RNA 剪接也不例外 (Yang et al.，2013b)。研究种类各异的内含子在剪接过程中的催化效率与保真性之间的平衡机制及其影响因素是今后的一个重要的研究方向。

(2) 目前已知的剪接因子修饰中，研究较多的是 SR 蛋白的磷酸化，其影响到内含子的选择与剪接反应的催化效率，对选择性剪接与转录偶联具有重要的调控作用 (Long and Caceres，2009)。目前已知蛋白质甲基化酶突变对 RNA 剪接有明显影响 (Deng et al.，2010)，推测剪接因子的甲基化修饰也具有重要的生物学意义，但剪接因子的翻译后修饰的具体机制和功能需要进一步研究阐明。

(3) RNA 的高级结构特征对剪接的影响。RNA 的单链特征使得 RNA 容易形成各种高级结构。这些高级结构和一级序列特征都是剪接体因子的识别和组装所必需的，直接影响剪接的效率和结果 (Yang et al.，2011b)。因此，需要对 RNA 高级结构特征对剪接的影响及其调控机制进行深入研究。

(4) RNA 剪接与其他加工步骤的偶联。基因从转录、RNA 加工到运输这一过程中的各个步骤之间都密切偶联、相互影响，这种关联性是近年来基因表达调控研究的一个重点。目前存在三种模型：直接相互作用、别构效应和动力学平衡 (David and Manley，2011)。但这些模型尚不完善，需要进行深入研究予以阐明。RNA 剪接与其他步骤，特别是转录间的偶联机制及其对基因表达的调控作用是未来重要的研究方向之一。

2. 反式剪接的机制与应用

常规的 RNA 剪接发生在同一个转录产物之中，称为顺式剪接。反式剪接则发生在两个不同的转录产物之间，形成杂合的 RNA。反式剪接在锥虫和线虫中普遍存在，高等生物中也存在反式剪接，但数量相对较少，其发生机制尚不清楚（Kamikawa et al., 2011），因此对高等生物中反式剪接的深入研究对于理解剪接的发生机制具有重要意义。在应用上，已有报道采用反式剪接原理用来替换癌细胞中突变基因的片段而达到基因治疗的目的。因此，反式剪接的发生机制研究具有广阔的应用前景。

3. 小 RNA 的加工生成机制

piRNA 在配子（精子和卵子）形成过程中发挥重要作用（Malone and Hannon, 2009）。但目前对 piRNA 的产生和功能的认识尚处于初级阶段，还有许多关键性问题需要回答。研究 piRNA 的初级前体如何被识别，鉴定区分与其他 RNA 的识别元件并研究其机制，以及研究 Piwi 蛋白家族在 piRNA 生物生成中的作用，鉴定 piRNA 加工成熟过程中的其他必需蛋白质因子（如参与 piRNA 5'端形成的核酸内切酶和 3'端形成核酸外切酶等），阐明其分子机制等都是 piRNA 领域的重要问题。RNAi 在探索基因功能和作为小分子核酸药物进行疾病治疗中都有巨大的应用潜力。但 RNAi 的脱靶（off-target）效应，以及对细胞内源 miRNA 的竞争性抑制所带来的毒副作用给 RNAi 技术的临床应用带来极大挑战。siRNA 由小发夹 RNA（small hairpin RNA，shRNA）加工生成，但未经优选的 shRNA 产生 siRNA 和沉默靶基因的效率往往较低。因此，需要深入研究影响 shRNA 加工的关键因素，理性设计超级高效并兼顾安全性（毒副作用小）的 shRNA，为 RNAi 技术在临床疾病治疗中的应用提供关键技术基础。

4. lncRNA 和 circRNA 生成机制

最新研究表明，不同类型的 lncRNA 在加工成熟过程中可能依赖不同的顺式调控元件和反式作用因子，如源自基因内含子区域的 sno-lncRNA 的加工成熟依赖于其末端的 snoRNA 序列和结构（Yin et al., 2012）；内含子来源的 circRNA 在形成过程中则依赖于其两端的保守核酸序列（Zhang et al., 2013b）；外显子来源的 circRNA 的生成高度依赖于其两边的互补配对序列（Zhang et al., 2014c）和 RNA 结合蛋白（Ashwal-Fluss et al., 2014）等。由于这些特殊类型的 RNA 分子在不同组织和生理及病理情况下的表达不同，提示有相关的反式作用因子参与其功能的发挥。进一步鉴定参与它们加工成熟和发挥功能的顺式调控元件及反式作用因子，将有利于进一步认识这些 RNA 分子的功能和作用机制。

（二）RNA 的修饰及其调控机制

（1）鉴定 RNA 修饰的修饰转移酶（Writer——编码器）、去修饰酶（Eraser——消码器）和特异性识别蛋白（Reader——读码器）。整合化学生物学（核心是核酸化学）、基因组测序和生物信息技术平台，开发和优化能够应用于单个核酸位点及高通量的测序检测技术。结合生物信息学和模式生物等技术，研究 RNA 修饰的位点特异性和可逆修饰的动态变化特点，阐明 RNA 修饰功能网络调控靶基因 RNA 表达水平、选择性剪接、出核运输及定位、翻译和降解等过程的分子机制。

（2）鉴定与干细胞多能性维持和分化相关的各类 RNA 修饰及其在基因内定位的差异，综合分析 RNA 修饰在干细胞分化和转分化中的作用机制。绘制肿瘤组织和血清中 RNA 修饰在全基因组和关键靶基因 mRNA 及非编码 RNA 的修饰位点图谱，寻找这些图谱的变异规律。发现导致变异的修饰转移酶、去修饰酶和结合蛋白及其所调控的靶基因，以及这些基因变异与恶性肿瘤表型的关联，为 RNA 修饰作为相关疾病诊断的分子标记与治疗的药物靶标提供基础。

（3）RNA 修饰的应用。利用结构生物学对新发现的 RNA 修饰相关蛋白质进行结构与功能分析，阐明其发挥功能的分子机制，为靶向抑制剂或激活剂的开发提供指导，用于核酸修饰调控的机理研究，也可以用于人为干预体内核酸的化学修饰，为其在临床疾病治疗中的应用奠定基础。

（三）RNA 3'末端的选择性多聚腺苷酸化调控

1. 阐明 APA 的上游调控因素及其分子机制

近年的研究已经鉴定并证实了不少调控 APA 的因子，包括参与切割加尾的复合体中的一些组分和参与 RNA 剪接的一些 RNA 结合蛋白（Berg et al.，2012；Jenal et al.，2012）。甚至转录本身也影响 APA（Ji et al.，2011）。RNA 3'末端的表观遗传标记也同 poly（A）位点的选择相关。未来的研究方向：一是进一步发现影响 APA 的因子，并深入阐明其影响 poly（A）位点选择的分子机制；二是明确在特定生理或病理过程中，哪些因素起主导作用，揭示其具体的分子机制。

2. 全局性 APA 的改变对于下游效应的影响程度

单一基因的研究证实了 APA 影响 RNA 的稳定性、细胞内定位和翻译效率。但最近在特定细胞中的研究提示全局性的 APA 变化对于 RNA 的稳定性和翻译效率的影响似乎有限（Spies et al., 2013）。因此，需要进一步研究揭示在众多生理和病理过程中出现的 APA 全局性变化其生物学效应究竟如何，APA 是调控进程的重要驱动因素还是伴随的结果和现象。结合核糖体图谱技术（ribosome profiling）和质谱等手段，深入探索重要生理和病理过程中 APA 改变的下游效应，是今后本领域的重要发展方向。虽然以往很多研究建立了疾病和 APA 之间的关联，但是 APA 相关的突变是否是导致疾病的原因目前仍不清楚。CRISPR/Cas 基因编辑技术的飞速发展可为 APA 突变致病的验证提供绝好机会，从而真正明确 APA 参与生物学或疾病过程的分子机制。

3. 发展完善更精确和便捷的 APA 定量测定方法

近几年已经发展了十余种用于鉴定 APA 的方法，但在测定的精度、定量能力乃至方法的繁简程度上各有差别。如何系统评估这些方法的性能以帮助后续的研究是今后迫切需要解决的问题。同时，发展完善或整合更精确、更定量、更简便的实验方法，以及后续的生物信息学分析流程和标准，是揭示重要生理或病理过程中 APA 变化规律的重要手段。

（四）RNA 的转运定位及其调控机制

1. RNA 转运出核机器的研究

目前对 mRNA 的出核转运研究相对较为深入，已知主要由蛋白质复合物 TREX 和 TAP/p15 通过与核膜孔复合物间的相互作用运输 mRNA 出核（Strasser et al., 2000; Strasser et al., 2002）。但 RNA 的出核转运还有很多重要的问题需要研究回答，包括：细胞如何决定特定的 RNA 是否出核；鉴定起决定作用的顺式识别信号和反式因子，并揭示其分子机制；TREX 复合体的各个组分在 mRNA 出核转运中的分工和作用机制；mRNP 在出核转运过程中的构象变化，以及发生变化的分子机制和结构基础；无内含子的 mRNA 出核的分子机制与经过剪接的 mRNA 有何不同；各种非编码 RNA 如何被识别分选、出核转运的机器组分、出核受体与转运分子机制等。

2. RNA 转运与 RNA 加工的耦联机制

RNA 的出核转运与各个加工步骤都存在密切的耦联，通过这种耦联机制可以防止不成熟的 RNA 被转运出核。同时，RNA 的出核转运也与 RNA 的代谢和质量监控有关，是控制细胞生命活动的重要手段（Cheng et al.，2006；Chi et al.，2013；Masuda et al.，2005）。因此，深入研究转录、5'加帽、剪接和3'加尾等一系列加工步骤与 RNA 转运的耦联机制，阐明转运机器的复合物在哪一个加工阶段，以及如何被招募到待转运的 RNA 上是未来的重要研究方向，对于了解基因表达的调控方式具有重要意义。另外，RNA 出核过程如何与 RNA 降解调控相互作用以维持细胞核内的 RNA 表达水平也将是一个新的研究方向。

3. RNA 的亚细胞定位

RNA 的种类与功能繁多，分布于各种亚细胞结构中，其中一些种类的 RNA 会在出核转运之前进入到一些特定的亚细胞结构，而另一些则需要出核后进行复合物组装和修饰，然后再运输回到核内特定的功能区域（Chen and Carmichael，2009；Handwerger and Gall，2006；Huang and Spector，1992；Prasanth et al.，2005）。研究各种 RNA 携带的顺式定位信号和它们进入特定亚细胞结构的功能和分子机制，以及转运复合物的组分与作用机制是未来的重要研究方向。尤其在神经元树突细胞中各种 mRNA 的蛋白质翻译区域明显不同，是研究 RNA 亚细胞定位的重要模型。

4. lncRNA 和 circRNA 研究

首先，介导 lncRNA 出核运输的顺式作用元件和反式作用因子值得深入研究。此外，最新的研究表明，circRNA 分子更多地分布在细胞质中，这一现象说明 circRNA 分子在核内加工后被运送出核进入细胞质（Ulitsky and Bartel，2013）。与传统的 mRNA 不同，circRNA 不含有 5'端帽子结构和 3'端 poly（A）尾，因此其运输出核过程可能依赖与 mRNA 不一样的途径，相关的分子机制值得深入探讨。研究 circRNA 分子的出核机制，比较 circRNA 与 lncRNA 的出核机制的异同，对于全面认识细胞质与细胞核间的 RNA 运输具有重要意义。很多线形 lncRNA 定位在细胞核内，且相当一部分定位在其转录位点附近（Chen and Carmichael，2010），说明这些 lncRNA 的加工、成熟和命运与 mRNA 不同。但目前人们尚不清楚 lncRNA（尤其是细胞核定位的 lncRNA）转录、运输和实现正确的亚细胞定位过程中的调控机制，因此需要进一步研究。研究 lncRNA 的定位对于全面认识 RNA 的运输具有重要意义。

5. RNA 的细胞间运输

近年来研究发现 miRNA 等一些特殊的 RNA 能稳定存在于血液、尿液和唾液等体液中，其异常表达可以作为多种疾病的早期诊断与预后的指标（Schwarzenbach，2015）。未来在这一重要方向的研究内容包括：RNA 是如何被选择运输到各种体液中；它们的转运或分泌机器有哪些；在体液中防止这些 RNA 被降解的保护机制是什么；细胞间运输 RNA 的生物学意义是什么等。

6. 病毒的 RNA 出核机制

许多病毒基因组转录产生无内含子的 mRNA，这些 mRNA 需要利用病毒自身蛋白质或宿主蛋白质高效运输出核进行表达。在生物大分子核质转运领域，许多重要蛋白质都是在病毒 mRNA 核质转运机制研究中被发现的（Braun et al.，1999；Chi et al.，2014；Emerman et al.，1989；Felber et al.，1989）。因此，研究病毒 RNA 出核转运的分子机制将为破解一些真核细胞 RNA 核质转运中的难题提供启发。未来重要的研究方向包括：鉴定病毒 RNA 出核中重要的顺式作用元件和反式作用因子，并研究它们在病毒和真核 RNA 出核中的作用及分子机制。

（五）RNA 稳定性的调控机制

1. mRNA 和 lncRNA 的降解调控机制

重点研究细胞内 mRNA 和非编码 RNA 稳定性调控的普遍机制，鉴定调控 RNA 自身降解相关的顺式元件和反式因子。细胞内还存在多种不带 poly（A）尾的 mRNA，例如，组蛋白 mRNA 和 circRNA 与带 poly（A）尾的 mRNA 的降解途径有很大区别（Lasda and Parker，2014；Mullen and Marzluff，2008）。因此，研究非 poly（A）尾的 RNA 的降解途径，鉴定关键的核酸酶，并揭示其分子机制，以及在细胞周期和细胞命运转换中的调控，是今后需要重点探索的新领域。在卵子发育过程中，转录基本停止，母源 RNA 能够稳定存在并发挥功能。而一旦受精，母源 RNA 将被快速降解（Schier，2007）。研究母源 RNA 受 SMAD 家族和 miRNA 等分子调控的代谢机制及其识别的序列特征，揭示其分阶段快速有序降解的机制，对理解配子成熟和胚胎早期发育的基因调控至关重要。细胞内很多基因同时会转录生成反义链

RNA，可以在转录和转录后水平影响正义链 RNA 的表达（Werner and Sayer，2009），反义链 RNA 与正义链 RNA 如何相互识别发生作用，以及如何影响其稳定性的分子机制尚需进一步研究揭示。细胞内的一些反转座子序列也会影响 RNA 的细胞定位和降解。高等真核生物中相关现象的研究还较少，其中的分子机制仍需进一步研究阐明。近期发现细胞内的 mRNA 和非编码 RNA 上都存在大量的修饰，如 RNA 的 m^6A 甲基化修饰。研究 RNA 修饰对 RNA 在细胞核和细胞质内稳定性的调控作用及其分子机制是 RNA 代谢领域新的研究前沿之一。

2. 非编码小 RNA 稳定性的调控机制

细胞内存在多种非编码小 RNA，具有重要的调控功能。但这些非编码小 RNA 自身的稳定性如何被调控知之甚少。不同种类的小 RNA 或者同一类小 RNA 的不同成员间，其稳定性存在很大差异（Ji and Chen，2012）。在这方面需要重点研究介导非编码小 RNA 降解的主要途径和鉴定关键核酸酶，揭示各种信号通路——包括细胞周期、日夜节律和胁迫条件等对非编码小 RNA 稳定性调控的机制；研究与非编码小 RNA 结合的 mRNA 和 lncRNA 分子对非编码小 RNA 稳定性的调控机制；研究非编码小 RNA 稳定性改变造成的生理病理影响等。细胞中的 miRNA 普遍存在 3'末端被添加非模板碱基的情况，主要为添加腺嘌呤（A）和尿嘧啶（U）（Burroughs et al.，2010）。重点研究各种细胞类型（包括生殖细胞）在各种生理条件下非编码小 RNA 的 3'末端被添加非模板碱基的情况，鉴定介导 3'末端添加碱基的蛋白质，从而阐明小 RNA 末端加碱基的选择性机制及其对非编码小 RNA 稳定性和功能的影响。植物中的 siRNA 和 miRNA，以及动物中的 endo-siRNA 和 piRNA 等非编码小 RNA 的 3'端都可以被甲基化修饰，是生物体防止小 RNA 降解的一种保护机制（Ji and Chen，2012）。需要进一步研究鉴定细胞中，特别是配子发生过程中的特异性甲基转移酶，并解析甲基转移酶与非编码小 RNA 复合物的相互作用，从而阐明 RNA 修饰酶参与调控非编码小 RNA 稳定性和功能的分子机制。

3. RNA 的质控系统及其调控机制

mRNA 是将 DNA 遗传信息传递到最终的功能执行者蛋白质之间的最重要的信息传递分子。而 DNA 在复制中发生的突变，和转录以及 RNA 剪接加工过程中发生的错误都会产生异常的 mRNA。合成的羧端截短的蛋白质产物将会干扰正常蛋白质的功能，对生物体造成危害并导致包括癌症在内的多种疾病（Holbrook et al., 2004）。因此，研究细胞内的蛋白质因子和非编码小RNA如何参与识别异常的RNA，并进一步降解和清除这些有害RNA的质量监控机制具有重要意义。目前已知的mRNA的质控系统包括EJC介导的NMD（Maquat, 2004）和miRNA介导的监控系统（Zhao et al., 2014a）等。未来该领域的研究重点包括：各种RNA质控系统间的分工和协同作用，其识别元件在基因中的分布特征，以及其在进化中的保守性；揭示细胞识别和阻止未被加工或加工异常的RNA出核的机制；探索发现细胞内新的RNA的质控系统，揭示其分子机制；研究肿瘤发生和发展过程中RNA的质控系统失控或被破坏的原因以及其与重大疾病发生的关联，探索重建RNA质控系统在疾病治疗中的应用等。

（六）小RNA的作用机制

1. miRNA的非经典作用机制

虽然动物细胞中大部分miRNA主要定位在细胞质中，研究表明也有多种miRNA定位于细胞核中（Roberts, 2014），其中部分miRNA与细胞周期密切相关（Hwang et al., 2007）。未来需重点研究这些miRNA如何选择性地被运输和定位在细胞核中，识别和结合哪些靶标RNA，或是直接结合基因组DNA，如何发挥调控作用，从而深入理解细胞核内miRNA的作用机制和功能。研究miRNA参与调控其他非编码RNA的功能也是未来的重要方向之一。紫外交联免疫共沉淀测序（CLIP）的数据显示miRNA除了结合在mRNA上（Chi et al., 2009），也可以结合到内含子和多种lncRNA及circRNA上（Jalali et al., 2013；Lasda and Parker, 2014；Tay et al., 2014）。但对于定位于细胞核中并且不需要翻译的lncRNA和circRNA，miRNA的结合具有何种功能及如何发挥作用尚有待解答。此外，在神经细胞分化中，多嘧啶串RNA结合蛋白PTB通过与miRNA/AGO2蛋白复合体竞争性结合mRNA的3'UTR，或者通过改变mRNA的二级结构，从而调控miRNA的功能（Xue et al., 2013）。因此，需要在不同组织来源的细胞中对RNA结合蛋白进行系统的研究，发现和揭示miRNA的组织细胞特异性的作用机制及其与发育和疾病的关联。

2. piRNA的调控功能及机制

最近一系列的研究表明，piRNA还可以参与编码蛋白质的基因的表达调控,在胚胎发育、性别决定及配子发生等过程中发挥作用(Watanabe and Lin,2014),如小鼠粗线期 piRNA 介导后期精子细胞中 mRNA 的大规模清除(Gou et al.,2014)等。因此,需要研究 piRNA 介导的表观遗传调控和转录后水平调控的生物学功能,如转座子沉默、生殖系细胞发育命运决定、生殖干细胞维持、减数分裂及其他配子形成事件中的功能和作用机制。另外,piRNA 如何参与或调控 Piwi 蛋白的功能?piRNA 是否有独立于 Piwi 外的其他功能?这些问题的回答将有助于阐明由 piRNA 介导的新一层面的基因表达调控网络,也将有助于我们解答一些生殖细胞发生过程中的重要生物学问题,如哺乳动物原始生殖细胞的全基因组 DNA 去甲基化问题、生殖细胞的基因组 DNA 从头甲基化和出生前细胞周期阻滞问题等,同时可能为研究人类疾病(如男性不育)和发展新型 RNA 治疗手段等提供新的理论基础和技术思路。

3. diRNA 的功能和机制

diRNA 特异性地产生于 DNA 双链断裂位点的邻近序列,其生成需要 DICER 的参与。diRNA 与特定的 AGO 蛋白家族结合形成效应复合体,促进同源重组介导的 DNA 损伤修复(Gao et al.,2014;Wei et al.,2012)。目前,对 diRNA 相关的研究还处于起步阶段,有诸多重要问题亟待解决。DSB 如何诱导 diRNA 的产生,其信号通路是什么?diRNA 如何特异性地识别相应的 DSB 位点?diRNA 是否直接参与招募修复因子及如何招募?diRNA 是否通过介导染色质修饰而促进 DSB 修复?这些基本的问题都有待于进一步的研究揭示。

4. endo-siRNA 的功能和机制

endo-siRNA 在秀丽线虫参与介导了组蛋白的甲基化,在细胞核内对基因的转录进行调控。这种甲基化完全依赖于 AGO 家族的基因,但具体机制尚不清楚(Gu et al.,2012;Guang et al.,2010;Guang et al.,2008)。因此,研究线虫和哺乳动物细胞中的 siRNA 重新入核的机制及其调控功能复合物,对发现新的 siRNA 调控表观遗传的作用机理具有非常重要的意义,也是该领域的前沿问题。研究还发现,RNA 病毒感染宿主后在复制过程中产生的双链 RNA 可以被宿主的 DICER 识别并加工成为 siRNA,靶向病毒 RNA 而成为宿主抗病毒的机制之一。但病毒也编码相应的蛋白抑制宿主的 RNAi 机制。因此,揭示 RNA 病毒和宿主之间对 RNAi 的竞争性调控对于研究 RNAi 机制和细胞的抗病毒机理都有深远意义。

5. 小 RNA 在细胞器中的功能和机制

研究发现，线粒体和叶绿体中存在多种小 RNA，并且有重要功能。另外，细胞核编码的小 RNA 也能进入细胞器中发挥功能。例如，miR-1 能够同 AGO2 结合后进入线粒体，通过增强线粒体编码的 mRNA 的翻译作用，进而增加线粒体中 ATP 的产生（Zhang et al.，2014b）。因此，线粒体和叶绿体编码的多种小 RNA 的功能及其机制，以及细胞核编码的特殊小 RNA 通过结合何种膜表面受体进入细胞器及如何发挥调控功能都有待于深入研究揭示。

6. 分泌或循环小 RNA 的功能和机制

目前在分泌小泡或血浆和体液中发现存在多种小 RNA 分子，如 miRNA 分子可以参与调控靶细胞的功能（Kosaka et al.，2013）。但相对细胞内的小 RNA 而言这些循环小 RNA 浓度很低，如此微量的小 RNA 如何进入靶细胞，以及进入靶细胞后是以经典的与靶标 RNA 互补配对发挥功能，还是以未知的方式发挥调控功能，这些重要问题都有待于研究发现回答。

(七) lncRNA 的作用机制

1. 系统发现新的 lncRNA 及功能性 lncRNA

大多数 lncRNA 与 mRNA 类似，由 RNA 聚合酶Ⅱ转录，经历了 5'端加帽、剪接和 3'端加尾等过程后再被运输到发挥功能的地方（Ulitsky and Bartel，2013）。近年来采用新技术，如非 poly（A）转录组的分离纯化和测序（Yang et al.，2011a），发现了一批包括内含子来源的两端以 snoRNA 结尾的 lncRNA（Yin et al.，2012）和上万条 circRNA（Jeck et al.，2013；Memczak et al.，2013；Salzman et al.，2012；Zhang et al.，2014c；Zhang et al.，2013b）等。进一步发展和利用新手段，系统发现新类型 lncRNA 将使人们深入认识高等生物转录组的复杂性。

2. lncRNA 的功能和作用机制

尽管人们对于 lncRNA 发挥生物学功能的分子机制有了一定的认识，但是由于已有的实验方法和手段较为有限，目前对于 lncRNA 在各种生物学过程中发挥生物学功能的机制研究还较少。例如，已知 lncRNA 可以结合转录或表观遗传修饰相关蛋白质因子，改变该蛋白质因子对靶基因的调控，但是对于 lncRNA 究竟如何改变与其结合的蛋白质的生物学活性和功能尚不清楚。主要研究包括以下三个方面。

（1） RNA 与基因组结构和功能研究。细胞核内存在大量非编码 RNA，然而人们对其在细胞核结构维持和基因表达中作用的认识十分有限。目前尚缺乏基因组水平的实验技术手段用于研究细胞核内 RNA 参与细胞核中基因表达调控和细胞核结构维持这一问题。今后，结合计算生物学手段，在基因组和转录组水平研究参与细胞核结构维持和调控的 RNA 分子，研究其生物学功能，对于认识 RNA 在细胞核结构维持和基因表达调控中的作用十分重要。

（2） lncRNA 和 circRNA 在发育、细胞谱系建立与疾病发生过程中的功能研究。研究表明，lncRNA 广泛参与机体发育、细胞谱系建立与疾病的发生和发展，但其具体的生物学作用机制仍然值得深入研究。特别是重大疾病发生过程中标记性 lncRNA 和 circRNA 的鉴定及其功能研究，对于疾病的分子诊断与治疗可能提供新的思路。

（3）重复序列来源的 RNA 功能研究。重复序列在基因组中占据着大于 20% 的高比例。来源于重复序列的 RNA 不具备功能蛋白质编码能力，因此也属于 lncRNA 的研究范畴。但是目前对其生成和作用的研究较少。近年的研究提示，RNA 重复序列在细胞中扮演着十分重要的角色，如互补配对的 Alu 元件可以介导 circRNA 的形成（Jeck et al.，2013；Zhang et al.，2014c），Alu 家族成员参与细胞核亚结构的功能（Chen and Carmichael，2009；Chen et al.，2008b；Prasanth et al.，2005）等。因此，针对基因组中存在的重复序列来源的 RNA 进行研究，对于全面认识基因组和转录组的复杂性具有非常重要的意义。

3. 特殊类型 RNA 研究手段的开发和利用

针对不同类型的 lncRNA 的特点，研究开发可信度和可行性更高的相关 RNA 研究手段，为不同类型 RNA 的发现和功能研究提供技术手段。特别是针对 circRNA 分子的研究将是最近国际上非编码 RNA 领域的热点问题。

（1） RNA 工具酶和化学修饰的发展与应用。随着分子生物学和化学生物学的发展，多种 RNA 工具酶和 RNA 化学修饰被应用于 RNA 的加工、修饰和标记的研究。今后，整合化学生物学、高通量测序技术及计算生物学分析等多种技术手段，在转录组水平研究 RNA 的高级结构，以及碱基修饰在

RNA 生成、代谢、运输和生物学功能发挥等多个过程中的作用具有十分重要的意义。

（2）单分子 RNA 研究。开发并利用单分子研究手段，提高 RNA 研究过程中的分辨率，为深入研究 RNA 的功能提供强大的技术手段，是 lncRNA 未来重要的研究方向。

（3）RNA 活细胞示踪技术的发展和应用。研究 RNA 活细胞示踪技术对于研究 RNA 的转录、转运和代谢具有十分重要的价值。目前已经有报道，如 Spinach 等 RNA 适体可以结合小分子化合物直接发光的例子（Paige et al., 2011）。然而，相对于荧光蛋白在蛋白质活细胞研究中的广泛应用，RNA 研究尚缺乏特异的且可广泛使用的活细胞示踪技术。因此研发 RNA 活细胞示踪技术具有十分重大的意义。

五、发展目标

对 mRNA 生成、加工、降解和调控机制的研究在国际上已经有了长期的积累，但仍不断有新机制和新理论被提出。miRNA 和 siRNA 自发现后的十多年来，国内外对其代谢和作用机制的研究已取得了许多进展，但一些重要的机理性问题还有待解决。同时，新类型的非编码小 RNA 仍不断被发现，它们的代谢和作用机制都还尚待深入研究。近五年来，越来越多的研究发现真核基因组可产生大量具有功能的 lncRNA，目前国内外对 lncRNA 的产生、加工、成熟、降解及其作用机制和功能的研究尚处于起步阶段。因此，未来该领域应着重发现新类型的 RNA 及其调控理论，探索 RNA 自身代谢调节缺陷和功能异常引发疾病的相关机理，从而推动整个 RNA 领域的蓬勃发展，并力争使部分国内 RNA 研究团队处于或继续保持国际领先地位，创造新的 RNA 研究领域和产生重大的理论突破。

六、我们的优势

我国的 RNA 研究起步较早，并取得过辉煌的成就，例如，在世界上首次人工全合成酵母丙氨酸转移核糖核酸，在 RNA 生成、降解和调控机制等方面始终保持着具有国际影响力的研究力量。近年来，随着非编码 RNA 研究的不断升温，我国非编码 RNA 研究队伍突飞猛进，在 RNA 生成、降解和作用机制的研究方面积累了相当的研究实力，取得了一批具有国际影响力的研究成果，在某些领域还发挥了引领国际研究前沿的作用。

1. RNA 剪接调控

中山大学屈良鹄研究组长期研究非编码 RNA 的结构和功能，发现了大量新的非编码 RNA 及其新的加工方式，在非编码 RNA 领域做出了一系列开拓和奠基性的工作（Zheng et al.，2016）；浙江大学金勇丰研究组对 RNA 加工编辑的研究提出了 RNA 选择性互斥剪接多样性发生的新机制，揭示了 RNA 分子复杂性增高的进化模式（Tian et al.，2011）、中国科学院上海生命科学研究院生物化学与细胞生物学研究所惠静毅研究组（Zong et al.，2014）、中国科学院上海生命科学研究院营养科学研究所冯英研究组（Zhou et al.，2014b）、中国科学院上海生命科学研究院植物生理生态研究所徐永镇研究组（Shao et al.，2012）分别对 RNA 可变剪接的机制进行了研究，加深了人们对 RNA 剪接过程的理解，并阐明了 RNA 加工与某些重大疾病的关联。

2. RNA 修饰

中国科学院上海生命科学研究院生物化学与细胞生物学研究所王恩多研究组在氨酰 tRNA 合成酶以及 tRNA 的核苷酸修饰的分子机制及其功能方面进行了长期系统的研究，产生了一系列的重要发现（Wang et al.，2016b）；中国科学院北京基因组研究所杨运桂研究组及其合作者发现了 RNA 的 m^6A 甲基化修饰的甲基化酶和去甲基化酶及其调节蛋白，揭示了 m^6A 修饰在细胞核内调控 mRNA 可变剪切新功能（Xiao et al.，2016），并提出了"RNA 表观转录组学"的新概念（Niu et al.，2013）；北京大学伊成器研究组建立了研究 RNA 修饰的新方法，并对小 RNA 和 lncRNA 中修饰的功能及其分子机理进行了系统性的研究（Li et al.，2015b）。

3. RNA 3' 末端的选择性多聚腺苷酸化调控

北京中医药大学徐安龙研究组对 RNA 生成过程中 3' 末端 APA 的调控机制及其生物学功能提出了新的假说（You et al.，2015）；复旦大学倪挺研究组利用新发展的 poly（A）位点测定方法绘制了人体组织特异性 APA 的全景图，解析了 mRNA 5' 末端和 3' 末端形成的异同（Campo et al.，2013）。

4. RNA 稳定性调控

中国科学院上海生命科学研究院生物化学与细胞生物学研究所吴立刚研

究组研究提出了 miRNA 在高等动物细胞中充当 mRNA 质控系统识别和降解异常 RNA 的全新角色（Zhao et al.，2014a）。中国科学院上海生命科学研究院生物化学与细胞生物学研究所刘默芳研究组研究揭示了 MIWI 蛋白的泛素化修饰调控 piRNA 自身降解的新机制（Gou et al. 2014）。北京大学梁子才研究组对 siRNA 设计规则和化学合成修饰等进行了广泛研究，发现了决定 siRNA 稳定性的重要特征（Huang et al.，2009a）。

5. 小 RNA 作用机制

武汉大学付向东研究组发现 RNA 结合蛋白 PTB 对 miRNA 活性调控的新机制，并可以用于诱导各种非神经细胞向神经元样细胞转分化（Xue et al.，2013），还发现 miR-1 可以进入动物细胞的线粒体中介导 mRNA 翻译的增强作用从而调控线粒体基因的表达，这是小 RNA 研究领域的重大突破（Zhang et al.，2014b）。DNA 损伤的应答与修复的一些基本过程在原核生物和真核生物中高度保守，涉及 DNA 复制、染色质修饰和细胞周期调控等诸多事件，清华大学戚益军研究组发现了一类新的小 RNA（diRNA）参与 DNA 损伤修复，并将该发现拓展至高等动物中（Yang and Qi，2015）。南京大学张辰宇研究组发现循环系统中存在大量 miRNA（Chen et al.，2008a），并与肿瘤等疾病的发生密切相关，还提出非编码小 RNA 可跨界输送并参与调控基因表达的前沿科学假说（Zen and Zhang，2012）。中国科学院动物研究所周琪研究组、段恩奎研究组和中国科学院上海生命科学研究院营养科学研究所翟琦巍研究组共同研究发现父代小鼠的饮食会影响精子中的小 tRNA 片段的表达，并可能介导了获得性代谢紊乱的跨代遗传（Chen et al.，2016）。中国科学院上海生命科学研究院生物化学与细胞生物学研究所刘默芳研究组研究揭示了 miRNA 在炎症—癌症发生中的重要功能，并提出了 piRNA 在哺乳动物精子发生中介导大规模 mRNA 降解的新功能及其分子机制（Gou et al.，2014；Wang et al.，2014b）。中国科学院上海生命科学研究院生物化学与细胞生物学研究所吴立刚研究组发现 siRNA 加工途径对其沉默功能有显著影响，并研发了高效低脱靶的新型 saiRNA（Shang et al.，2015）。北京大学汪阳明研究组揭示了 miRNA 加工的关键蛋白和一组特殊 miRNA 对胚胎干细胞干性维持和分化具有重要功能（Guo et al.，2014）。中国科学技术大学光寿红研究组发现了动物细胞核内的基因干扰现象，产生的非编码小 RNA 抑制转录延伸并引起组蛋白的甲基化（Zhou et al.，2014b）。

6. lncRNA 和 circRNA 的作用机制

中国科学院上海生命科学研究院生物化学与细胞生物学研究所陈玲玲研究组发掘了人类基因组中全新类型的 lncRNA 分子，并阐明了它们调控基因表达的机制以及与相关人类疾病的关系（Xiang et al.，2014；Yin et al.，2012；Zhang et al.，2014a；Zhang et al.，2013b）；中国科学院—马普学会计算生物学研究所杨力研究组在转录组水平研究 RNA 修饰和 circRNA 形成机制，拓展了人们在全转录组水平对 RNA 重要生理功能及其生成和调控作用的认识（Yang，2015；Zhang et al.，2014a）。中国科学技术大学单革研究组发现细菌利用其自身产生的非编码 RNA 来调控取食它的秀丽线虫的基因表达和生理功能（Liu et al.，2012a），并发现了由外显子和内含子拼接形成的 circRNA 及其调控转录的新机制（Li et al.，2015d）。中国科学技术大学吴缅研究组发现 lncRNA 通过直接结合肿瘤通路相关蛋白质从而调控肿瘤细胞 Warburg 效应的新机制（Yang et al.，2014）。

这些已有的 RNA 研究力量将是国内开展 RNA 相关作用机制研究的有力保障。总体而言，我国在这方面的研究力量达到国际水准，在部分研究方向甚至处于领先水平，进一步加强这些领域的研究有望取得一系列突破性的重要发现。

第三节　RNA 生理与遗传

一、概述

非编码 RNA 分子种类繁多，目前研究较多的是具有调节作用的"功能性 RNA"，包括 miRNA、内源 siRNA、piRNA 及 lncRNA 等。其中 lncRNA 指长度大于 200 个核苷酸的功能性非编码 RNA。大量的研究结果显示，miRNA 和 piRNA 等小 RNA 对于各种生命现象和生命事件起着至关重要、必不可少的调控作用（Arkov and Ramos，2010），尽管如此，目前对这些小 RNA 发挥作用的分子机制的了解还有限。此外，最近的研究陆续发现了一些新型的小分子及中等大小的非编码 RNA，如 eRNA（Wang et al.，2011a）、diRNA（Wei et al.，2012）、circRNA（Hansen et al.，2013；Li et al.，2015a；Memczak et al.，2013；Zhang et al.，2014a；Zhang et al.，2013b）等，预示着真核生物细胞中还有更多的中小 RNA 有待发现。目前对 lncRNA

功能的认识才刚刚开始。生物学家很早以前就注意到一些 lncRNA 具有非常显著的功能，例如，XIST RNA 是近 20 年前发现的一个哺乳动物特异的 lncRNA。XIST 长度超过 10 kb，由 X 染色体转录产生，它通过一些至今仍未完全阐明的机理介导雌性哺乳动物细胞中一条 X 染色体异染色质化，最终导致两条 X 染色体中的一条失活，以实现雌性细胞 X 染色体剂量补偿（Brown et al.，1991）。2007 年，John Rinn 等发现来源于 *Homeobox* 基因家族 *HOXC* 基因座的 lncRNA HOTAIR 可通过远距离（trans）募集染色质修饰酶复合体 PRC2 将其定位到 *HOXD* 位点，进而介导了 *HOXD* 位点的表观遗传沉默（Rinn et al.，2007）。这一工作迅速激起了科学家们对 lncRNA 研究的关注，后继研究显示 lncRNA 在干细胞多能性维持、干细胞分化及重编程、细胞周期调控、肿瘤发生和发展等诸多生物学过程中均有至关重要的调节作用。目前已经在人类及其他哺乳动物细胞中发现了数万条 lncRNA，而其中仅有极少数的功能和作用机制得到阐释。因此，lncRNA 中蕴含有大量尚待发掘的功能性生物大分子，这也使得 lncRNA 成为目前生命科学领域中当之无愧的一个新兴研究热点。领域的前沿性进展主要包括以下几个方面。

（一）lncRNA 的发现、分类及潜在作用模式

2012 年 9 月 5 日公布的 ENCODE 计划的研究成果是迄今最详细的人类基因组功能单位分析数据，该项目预测和发现了 9640 个潜在的 lncRNA 分子相关基因（Dunham et al.，2012；Maher，2012），并且发现这些 lncRNA 的表达具有细胞特异性，从而预示了这些 RNA 分子与细胞命运或特化功能之间的紧密联系。以编码基因作为参照，根据其基因组分布，lncRNA 可分为反义 lncRNA（natural antisense lncRNA）、内含子 lncRNA（intronic lncRNA）、双向 lncRNA（bidirectional lncRNA）及基因间 lncRNA（intergenic lncRNA）等多个类别。虽然 lncRNA 分子参与基因表达调控的方式还有待进一步揭示，但目前的实验证据支持了以下作用方式。

（1）lncRNA 作为"诱饵"（decoy）与 DNA 结合蛋白结合，从而阻止后者结合到基因组进行转录调控。例如，linRNA Gas5 包含 DNA 与皮质激素受体结合位点的相似序列，在饥饿状态下，Gas5 的表达显著上调，从而阻止皮质激素受体结合到代谢相关基因（Kino et al.，2010）。

（2）lncRNA 作为"支架"（scaffold）帮助多个蛋白质形成复合物以行使特定功能。一个经典的例子是组装端粒酶复合物的支架端粒酶 RNA TERC（Zappulla and Cech，2006）。

(3) lncRNA 作为"向导"(guide)指引与其互作蛋白质(特别是染色质修饰酶)特异性结合到基因组的特定区域。XIST 介导的 X 染色体剂量补偿,以及 HOTAIR 介导的 *HOXD* 位点的表观遗传沉默都通过这种方式起作用。另外一个例子是 AIR RNA 通过介导组蛋白 H3K9 甲基转移酶 G9a 到相邻的印记基因调控其等位基因特异性表达(Nagano et al., 2008)。

(4) 通过形成 RNA-RNA 互补双链,参与 RNA 的剪切,影响 RNA 的稳定性,调控 mRNA 的翻译,同时参与非编码 RNA 的加工和成熟等。例如,表皮细胞分化所必需的 lncRNA TINCR 可以通过结合和稳定一系列表皮特异性表达的 mRNA 分子实现对表皮分化所必需的一组编码蛋白质的基因的协同调控(Kretz et al., 2013);部分 lncRNA 或者 circRNA 通过结合大量的微小 RNA 作为 miRNA 海绵(sponge)来抑制特定 miRNA 的作用(Tay et al., 2014)。

(5) 除了通过序列介导的以上各种调控方式外,lncRNA 还可以形成各种复杂的细胞核亚结构并参与染色质高级结构形成和相关基因调控。例如,NEAT1 作为核心组分决定细胞核亚结构 paraspeckles 的形成,并进而调控基因表达(Chen and Carmichael, 2009; Clemson et al., 2009)。

(6) 此外,鉴于一些 RNA 结合蛋白可以识别特异的 RNA 结构,lncRNA 还可以通过多样化的结构来参与基因表达调控。例如,HOTAIR 的分子两端可以分别招募两组不同的组蛋白甲基化复合物来执行其对染色体的调控功能(Tsai et al., 2010)。

值得注意的是,目前所知的 lncRNA 作用方式大多需要与蛋白质形成复合物来行使功能,表明 lncRNA-蛋白质组成的双色调控网络对于基因表达的精细调控至关重要。例如,人胚胎干细胞 PWS 疾病关联区域高表达的 sno-lncRNA 与可变剪接调控蛋白 Fox 紧密作用,从而在人发育早期即参与 mRNA 的可变剪接(Yin et al., 2012)。此外,除了对基因表达的调控作用,lncRNA 自身也会受特定转录因子及相关蛋白质的调控。例如,胚胎干细胞中与多能性相关 lncRNA 的表达受到 Oct4、Sox2、Nanog 等多能性因子的调控(Guttman et al., 2011);Linc-RoR 参与体细胞重编程(Loewer et al., 2010),并通过 miRNA sponge 的机制来调节 Oct4、Sox2、Nanog 等多能性因子的表达并进而参与人胚胎干细胞自我更新的调控(Wang et al., 2013a)。此外,lincRNA-p21 在 DNA 损伤条件下可以被 p53 所诱导,进而与核因子 hnRNP-K 相结合调控特定基因的表达(Huarte et al., 2010)。这些例子提示 lncRNA 与调节蛋白之间可能会形成反馈环路来增强表达调控的弹性及精细度。

（二）非编码 RNA 作用机制研究

RNA 结合蛋白是 RNA 执行生物学功能过程中不可或缺的组成部分，RNA 与 RNA 结合蛋白之间的动态关联贯穿了从转录合成、加工和修饰、胞内运输和定位、功能发挥直至降解的整个 RNA 生命循环。鉴于此，RNA 结合蛋白及其相关新技术（如 CLIP）在非编码 RNA 研究领域的应用和拓展近来备受瞩目。大量证据表明，非编码 RNA 通常需要通过和蛋白质因子相互作用形成 RNA 蛋白质复合物（RNP）行使功能。例如，小 RNA，无论是 miRNA 还是 piRNA 都是通过与相应的蛋白质分子（如 Ago 或 Piwi 蛋白）形成 RNA 蛋白质复合体发挥作用的（Arkov and Ramos，2010）。许多经典的 RNA 结合蛋白，如 ELAVL1/HuR、hnRNP G-T 及 NANOS2 等是通过 mRNA 转录后调控来行使功能，而对更多的其他 RNA 结合蛋白，生物学家对它们所介导的 RNA 调控功能和分子机制还知之甚少，其中很多可能会通过与 lncRNA 结合或通过调控 lncRNA 发挥功能。PABPN1 这一 RNA 结合蛋白即特异影响一些 lncRNA 3'UTR 的 poly（A）长度，调控 lncRNA 的合成，但不影响 mRNA 的表达（Beaulieu et al.，2012）。此外，结合在 mRNA 上的 RNA 结合蛋白（RNA binding protein，RBP），可以通过调控 RNA 代谢的诸多过程，如 5'端加帽、可变剪接、RNA 编辑、3'端多聚腺苷酸化、定位、稳定性及翻译等，调控基因表达（Anko and Neugebauer，2012）。RBP 突变或者其结合的顺式作用元件的突变都会导致 RNA-RBP 相互作用异常，从而引发基因表达失调、机体功能紊乱，甚至影响细胞乃至个体的存活（Castello et al.，2013）。目前对绝大多数 RBP 的功能及它们所结合的 RNA 序列特征都还不是很清楚，而许多 RBP 所识别的 RNA 序列往往较短，并且在 RNA 上具有多个结合位点，因此，仅仅解析 RBP 和单一 RNA 分子的相互作用过于狭隘，只有从整体水平上解析 RBP-RNA 的相互作用才可以帮助我们更好地理解 RNA 分子的命运与功能。CLIP 技术结合高通量测序为人们从全基因组水平上精细而特异地定位 RBP-RNA 的相互作用图谱提供了有力的帮助。HITS-CLIP（high-throughput sequencing of CLIP cDNA library）技术首次精细揭示了与肿瘤相关的 NOVA 蛋白调控靶 RNA 可变剪接的分子机制，并发现了 NOVA 蛋白通过结合在 3'UTR 区域来调控选择性加 poly（A）这一新的生物学功能（Licatalosi et al.，2008）。HITS-CLIP 还被用来研究 Ago 蛋白在 miRNA 及 mRNA 上的结合位点，全面解析了内源的 mRNA 上受 miRNA 调控的靶位点（Chi et al.，2009）。此外，研究人员还进一步发展了 PAR-CLIP (photoactivatable ribonucleoside-enhanced CLIP) 技术，从而实现了从单个碱基精细定位结合位点，并成功地应用于鉴定 pumilio homologue 2 (PUM2)、quaking (QKI)、insulin-like growth factor 2 mRNA-binding protein 1 (IGF2BP1) 及 Argonaute 等蛋白质的核苷酸结合位点。与动物一样，在植物（如拟南芥和水稻）的生长发育过程中，RBP 不仅参与生长发育的调控，还广泛参与对外界胁迫环境如干旱、温度、光照和低氧的响应 (Ambrosone et al., 2012)。然而，人们对植物中 RBP 的功能机制还知之甚少，许多问题亟须解决，包括：①对植物特有的 RBP，如 GR-RBP 的系统的功能性研究；②鉴定是否存在特异性响应胁迫的 RBP；③对单个 RBP 而言，尚无从大规模角度来鉴定特定的靶 RNA 的报道。解析这些问题需要建立一种适合植物细胞的 HITS-CLIP 技术。

lncRNA 的选择性 poly (A) 加尾 (Alternative polyadenylation, APA) 也是基因表达调控的一种重要方式 (Di Giammartino et al., 2011)。越来越多的大规模测序数据显示，APA 是一种广泛存在于动植物中的基因表达调控方式。在斑马鱼和果蝇中，一半以上的基因存在 APA；在哺乳动物中高达 70%～79% 的基因存在 APA；而在拟南芥中约有 70% 的基因存在 APA。通过在不同的位点，如 3' UTR、外显子和内含子等区域选择性地加 poly (A)，可以产生长短不一的 mRNA 或者是不同形式的蛋白质来实现对基因表达的转录后调控。研究发现，编码 lncRNA 的基因也受到 APA 的调控。例如，在小鼠中所注释的 2600 个 lncRNA 基因中，至少有 66% 的 lncRNA 基因存在 APA；而与 mRNA 基因相比，lncRNA 基因更倾向于在上游区域添加 poly (A) (Hoque et al., 2013)。例如，*NEAT1* 可以在 hnRNPK 的调控下发生 APA，产生两种大小的转录本，这两种转录本的比例最终调控了核染色间区核糖核蛋白体 paraspeckles 的形成 (Naganuma et al., 2012)。同时，APA 随着生物体自身及外界环境条件而发生动态改变，解析在不同生长发育阶段及特异组织中 lncRNA 基因 APA 的变化，将会为揭示 lncRNA 的生物学功能提供一个很好的突破口。

非编码 RNA 之间也存在相互调控的关系。已发现植物的 lncRNA 与 miRNA 之间可以相互作用，例如，lncRNA IPS1 可以通过与 miR-399 在其切割位点形成不完全匹配突起从而抑制 miRNA 的活性 (target mimicry) (Franco-Zorrilla et al., 2007)。新近发现，细胞中存在大量 circRNA，这类非编码 RNA 通过拮抗 miRNA 的功能，在一系列细胞进程中发挥重要作用 (Hansen et al., 2013; Memczak et al., 2013)。这些证据充分体现了调控

RNA 功能的多样性。

(三) 经典非编码 RNA 分子的新功能

除了大量近年来新鉴定的非编码 RNA，一些已被研究多年的经典 RNA 分子的新功能和新机制也正变成领域内的新热点。例如，tRNA 的主要功能是作为接头分子参与蛋白质的生物合成，但最近发现 tRNA 还作为非编码 RNA，广泛参与了非蛋白质合成相关的功能，如细胞凋亡、RNA 病毒的复制、细胞壁的形成、次生代谢产物的合成等。特别是，最近发现高脂饮食雄性小鼠的后代会出现糖耐量减低和胰岛素抵抗，而且这种糖耐量减低与 tsRNA（小 tRNA 片段）有关，展示了父亲饮食对精子 RNA 的重要影响，这种影响会改变后代的基因调控，引起相应的代谢紊乱（Chen et al.，2016）。在细胞内，与 tRNA 相互作用的一组主要蛋白质是氨基酰-tRNA 合成酶（aaRS）。除了负责催化氨基酰-tRNA 的生成外，aaRS 还参与癌症发生、免疫调节、信号转导等非经典功能（Guo et al.，2013）。例如，来自人与酵母的亮氨酰-tRNA 合成酶（LeuRS）参与 TOR 信号通路，从而感知细胞外环境（如生长因子、氨基酸等营养物质），控制细胞凋亡（Duran and Hall，2012；Segev and Hay，2012）。人胞质 LeuRS（hcLeuRS）对 mTORC1 的调控依赖于细胞内的亮氨酸、异亮氨酸等氨基酸的浓度，驱动 hcLeuRS 和 mTORC1 向溶酶体转位，在溶酶体内 hcLeuRS 与 mTORC1 相互作用（Han et al.，2012）。酵母胞质 LeuRS（ScLeuRS）通过感知营养物质，调节其编校结构域的构象，选择性地与 TORC1 复合物相互作用，从而决定 TORC1 复合物的活性，实现对蛋白质翻译系统及细胞命运的精确调控（Bonfils et al.，2012）。由于 tRNA^{Leu} 为 LeuRS 的底物，因此，tRNA^{Leu} 在 LeuRS 对 TOR 信号通路调节过程中可能发挥着分子开关的作用，通过与 LeuRS 的不同作用方式（如保守的 CCA 末端与 LeuRS 的氨基酰化结构域或者编校结构域结合），调节了 LeuRS 的氨基酰化活性中心或者编校结构域的构象，影响氨基酸结合结构域对于游离氨基酸的感知，或者编校结构域与 TORC1 复合物的相互作用，对细胞命运进行控制。这些研究表明，以新的视角研究传统的 RNA 或者 RNA 结合蛋白可能有全新的发现。

(四) 非编码 RNA 在进化和遗传中的功能

现有的一些研究显示，非编码 RNA 可能是决定物种复杂性的关键因素。从比较基因组学的角度来看，从低等多细胞动物秀丽线虫到最复杂动物——

人的基因组，均含有 14 000~23 000 个编码蛋白质的基因（Lander et al., 2001；Venter et al., 2001），并且线虫和人的这些基因编码产生的蛋白质之间具有 70% 的序列一致性。与之形成鲜明对比的是，非编码 RNA 在进化上往往是不保守的。例如，在 525 个进化年龄已知的人类 miRNA 中，高达 99 种（约 19%）是灵长类特异的，而这个比例对于编码蛋白质的基因而言只有 9%（Zhang et al., 2010e）。又如，X 染色体富集高表达于睾丸的基因，然则这些基因往往是物种特异的（Zhang et al., 2010d；Zhang et al., 2010e）。对于 lncRNA 而言，虽然有报道说这些基因是保守的（Guttman et al., 2009），后期的跟踪分析显示这些基因只有较低的保守性（Marques and Ponting, 2009）。在编码基因上如此高的序列保守性和在非编码 RNA 序列上的低保守性，提示编码蛋白质的基因可能在对所有生命至关重要的基本生命活动中起关键作用，而各种非编码 RNA 主要起着增加生物调控复杂性、精密性和物种特异性的作用。随着以 miRNA 为代表的多种非编码 RNA 的发现及深入研究，人们逐步认识到非编码 RNA 在细胞生理功能中起着重要的调控作用；非编码 RNA 的发现改变了仅由蛋白质分子组成的一元调控方式，它们与蛋白质共同组成"双色调控网络"在更高维度与更为精细的水平上调控着复杂生命现象（Guo et al., 2013）。在"双色调控网络"中，蛋白质之间、RNA 之间、蛋白质-RNA 及它们与染色质的修饰之间，形成一个相互交织的更为接近生命复杂性的调控系统。相对于现在认识较为清楚的一些蛋白质参与的调控方式，比如转录因子对转录的调控，非编码 RNA 往往并非对基因表达进行全和无的调控，而是对多种靶基因的表达进行精细的微调（如介导染色质的修饰和转录后水平调控等）来行使其调控功能。这些精细的调控在物种进化这样一个牵涉到长时程的生物学现象中可能起着举足轻重的作用。

不依赖于遗传物质 DNA 的代际遗传（transgenerational inheritance）是一种拉马克遗传现象（Heard and Martienssen, 2014；Roemer et al., 1997）。多种动植物中甚至有可能绝大多数真核生物中都可能存在着这种遗传现象。比如，秀丽线虫、小鼠甚至人在经受长期饥饿之后，其后代（在秀丽线虫中可以至少影响后三代）即使在正常的食物营养下发育和生活，依然会表现出与饥饿相关的应激性基因表达和生理现象（Rechavi et al., 2014）。随着近几年研究的深入，越来越多的证据显示代际遗传可能与非编码 RNA 相关（Gapp et al., 2014；Singh et al., 2014；Smythies et al., 2014）。这一方面的研究是目前遗传学的前沿之一。

综上所述，随着当前 RNA 研究的不断深入，特别是人类基因组计划和

ENCODE 计划的完成，发现人类基因组含有大量的非编码 RNA 基因，提示种类繁多、数量巨大的非编码 RNA 的确存在于生命世界之中（Altman，2007，2013；Cech and Steele，2013；Cech，2012），揭示这些非编码 RNA 的发生、加工、调控、功能及其与学习、记忆、疾病、衰老、遗传和进化间的相互关系已成为现代生物学研究的核心命题之一（Altman，2007，2013；Cech and Steele，2013；Cech，2012）。尽管非编码 RNA 领域的研究已经取得了一定的进展，但无论从被研究的非编码 RNA 数量上还是功能、机制挖掘的深度上来讲这一领域都还是刚刚起步（Altman，2007，2013；Cech and Steele，2013；Cech，2012），对这一方面的研究无疑将会是中国科学家参与国际竞争、做出自己贡献的重要机遇。更重要的是，我们有可能在这一生物学研究的革命中占领先机，成为创新者，而不是模仿者。

二、关键科学问题

该领域的前沿性关键科学问题为"决定细胞分化、增殖与凋亡和相应生物学过程的非编码 RNA 调控"，主要包括以下两个方面：①在生物体究竟存在多少种非编码 RNA？这些非编码 RNA 是如何在特定的生理和遗传过程中发挥作用的？非编码 RNA 的生成（包括转录、转录后加工、修饰）和降解是如何在生理和遗传过程中调控的？②非编码 RNA 调控细胞分化、增殖与凋亡和相应生物学过程的生理及病理功能机制？非编码 RNA 在物种进化及遗传过程中的作用？虽然目前对一些非编码 RNA 的功能机制已有所了解，但绝大多数非编码 RNA 的生理功能与作用机制尚待阐明。

三、发展思路

为了培育国内非编码 RNA 研究，使中国科学家在相关国际研究领域更具竞争力，我们有必要在国内制订一些长期战略性规划以建立竞争优势，包括共享和分配资源、针对重大科学问题和国家需求的挑战部署研究力量，为此我们有如下建议。

（1）建立一个国内资源库，用于收录和整合从不同生物体系中鉴定的非编码 RNA 数据和信息；

（2）通过国内实验室间的合作，以及与生物医学企业联手，研发关键试剂及相关产品，如针对已知非编码 RNA 的 shRNA 文库和基于 CRISPR 系统的 gRNA 文库；

（3）建立一套共享机制或体制，使科研人员之间能共享软件和硬件资源，

包括关键试剂,方便大家在不同生物学体系中开展非编码 RNA 功能与机制的研究;

(4) 精选一批国家重大需求研究领域,如干细胞、细胞重编程及转分化、神经退行性疾病、癌症、代谢、生殖及免疫相关疾病等,通过顶层设计,组织合作研究,系统性地研究 RNA 及其相关蛋白质复合物的功能和作用机制,并研发新型治疗方法;

(5) 建立新的经费资助机制,对具有在相关研究领域取得重大学术突破潜力的特定科学家进行及时和长期稳定的支持。

最后,需要强调的是,旨在探索作用机理和揭示新概念的基础研究也应成为以上所有努力方向的一个重要组成部分。

四、前沿方向及研究内容

当前非编码 RNA 生理和遗传的前沿性研究问题主要包括:各类细胞中非编码 RNA 的种类与数量?非编码 RNA 如何产生、修饰与定位?非编码 RNA 的表达调控、非编码 RNA 的功能及与疾病的关系、RNA-蛋白质相互作用和调控机制如何?围绕上述这些前沿性科学问题,可应用多种模式生物及各种细胞模型,结合各类先进技术方法,着重进行以下几方面内容的研究。

(1) 新非编码 RNA 发现、全基因组表达谱分析与相关功能鉴定。在不同的细胞、不同的时空等条件下,系统性地发现和注释模式生物及各种细胞的非编码基因并确定其表达谱,鉴定调控细胞活动(包括增殖、分化、凋亡和癌变等)、胚胎发育、生殖及人类重大疾病(如肿瘤、心脑血管病、糖尿病等)直接相关的非编码 RNA,通过 RNA 干扰、过表达或敲除等手段,揭示它们的生理及病理功能。

(2) 非编码 RNA 产生过程调控及其与细胞生命活动的关系。着重研究调控非编码 RNA 转录、转录后加工、修饰、定位及降解相关的因子,并注重发现其与细胞命运、细胞功能及个体发育等生物学过程之间的联系。

(3) 非编码 RNA 决定细胞命运与生理功能过程的调控机制。不同细胞命运和发挥生物学功能的动态过程,均依赖于细胞的多种信号转导及其相应的基因表达与蛋白质功能,非编码 RNA 可多层次地发挥调控作用,如表观遗传、转录、转录后甚至翻译后等;已发现的一些非编码 RNA,不仅是细胞命运与发挥功能的重要调控因子,而且与细胞的异常表型乃至人类重要疾病的发生和发展密切相关,但目前对绝大多数非编码 RNA 的生理和病理功能与机制尚待阐明。

(4) 非编码 RNA 与物种进化及进化过程中物种间的相互关系。非编码 RNA 可能是物种特异性的重要决定因素，通过分析物种的非编码基因在基因组中所占有的份额、非编码 RNA 的种类及其在物种之间的异同，研究物种进化和进化过程中物种间的联系。

(5) 非编码 RNA 参与拉马克遗传的功能及机理。不依赖于遗传物质 DNA 的代际遗传是一种拉马克遗传现象。随着近几年研究的深入，越来越多的证据显示代际遗传可能与非编码 RNA 相关。

五、发展目标

该研究方向将围绕"决定细胞分化、增殖与凋亡和相应生物学过程的非编码 RNA 调控"这一前沿性关键科学问题，开展 RNA 生理与遗传功能机制研究，力争使我国在非编码 RNA 这一科学前沿领域取得针对性的突破和快速积累系统性研究资源与人才，既能跻身于国际先进行列，又能为人民健康等国家重大需求做出贡献。此外，飞速发展的非编码 RNA 研究，将以全新的、不同于经典编码蛋白质的基因的角度与方式来诠释包括人类在内的各生物基因组，从而能够更全面地在基因表达调控水平揭示决定细胞命运（包括细胞的分化、增殖与凋亡）及个体的生殖、发育和遗传等的分子机制，最终将促进阐明各种复杂生命现象，并为重大疾病的干预、防治及药物靶点研究等提供全新的思路与技术。

六、我们的优势

中国科学家近年来在 RNA 生理与遗传相关研究中取得了许多重大成就，产生了多项有国际影响的原创性研究成果，分别概述如下。

1. 小 RNA 的功能和作用机制

在 siRNA、piRNA 和 miRNA 为代表的小 RNA 研究方面，国内科学家取得了许多成绩。例如，南京大学张辰宇研究组最早报道了 miRNA 在血浆中存在，并研究了循环系统 miRNA 在动物细胞中的功能及跨细胞运输 (Chen et al., 2008a; Zhang et al., 2012b; Zhang et al., 2010c)，其中一个工作是目前中国非编码 RNA 领域被引用次数最高的论文（Chen et al., 2008）；中国科学院上海生命科学研究院生物化学与细胞生物学研究所刘默芳研究组发现了 piRNA 和 PIWI 在精子细胞发育及精子形成中具有沉默转座子以外的新功能 (Gou et al., 2014; Zhang et al., 2015a; Zhao et al., 2013);

北京生命科学研究所戚益军研究组研究了植物中小 RNA 的功能及作用机理（Mi et al., 2008; Wei et al., 2012; Ye et al., 2012）；中国科学院上海生命科学研究院植物生理生态研究所王佳伟研究组在植物小 RNA 的生物学功能研究中取得多项研究成果（Gou et al., 2011; Wang et al., 2011; Yu et al., 2012），特别是在植物年龄途径的分子解析方面取得了重大突破（Zhou and Luo, 2013）。中国科学院遗传与发育生物学研究所曹晓风研究组研究了水稻中小 RNA 的生物合成过程，揭示了一些参与小 RNA 合成过程中的关键因子的重要功能（Liu et al., 2007; Liu et al., 2005a; Wang et al., 2013b）。

2. 中长（50-200 nt）及 lncRNA 的鉴定及功能研究

在近期兴起的中长及 lncRNA 研究中，国内科学家也陆续取得了一些令人瞩目的突破性成就。例如，中国科学技术大学单革发现外源性的中等长度的非编码 RNA 可以具有物种间基因调控的功能，可以影响秀丽线虫的嗅觉和寿命（Liu et al., 2012a），新近还发现一类新型 circRNA，并且研究了其生成及功能机制（Li et al., 2015a）；四川大学宋旭对肿瘤细胞中 PSF 蛋白结合的 lncRNA 功能进行了研究（Li et al., 2009b; Wang et al., 2009a）；中国科学院上海生命科学研究院生物化学与细胞生物学研究所陈玲玲和中国科学院——马普学会计算生物学研究所杨力合作发现了新类型 lncRNA 和 circRNA，研究了其生成加工及人类 Prader-Willi 综合征相关病理机制（Yang et al., 2011b; Yin et al., 2012; Zhang et al., 2013d）；更为有趣的是，中国医学科学院基础医学研究所的曹雪涛院士发现了一个能够调控免疫系统中树突状细胞分化的 lncRNA——lnc-DC，并且发现这一 RNA 通过结合到 STAT3 上调控其特定氨基酸的去磷酸化来发挥作用，拓宽了现有的 lncRNA 的作用机制（Wang et al., 2014b），该工作受到同行高度关注，产生了广泛的国际影响。

3. RNA 的经典功能和新功能机制

除了以上对各类非编码 RNA 研究取得的成就外，国内科学家在对一些经典 RNA 分子的功能和新机制研究方面也取得了许多成绩。例如，中国科学院动物研究所周琪研究组、段恩奎研究组和中国科学院上海生命科学研究院营养科学研究所翟琦巍研究组最近合作发现高脂饮食雄性小鼠的后代会出现糖耐量减低和胰岛素抵抗，而且这种糖耐量减低与 tsRNA（小 tRNA 片段）有关，展示了父亲饮食对精子 RNA 的重要影响，这种影响会改变后代的基因调控，引起相应的代谢紊乱（Chen et al.，2016），该工作在领域内外引起广泛关注；另外，中国科学院上海生命科学研究院生物化学与细胞生物学研究所王恩多研究组长期从事氨基酰-tRNA 合成酶与 tRNA 相互作用研究，通过一系列工作深入系统地揭示了不同种属 tRNA 的加工及功能机制、氨基酰-tRNA 合成酶识别 tRNA 的分子基础等（Du and Wang，2003；Huang et al.，2012），在国际同行中享有较高的声誉。

第四节　RNA 结构生物学

一、概述

RNA 是由四种核苷酸（A、U、C 和 G）聚合而成的线性分子，通过 RNA 聚合酶以 DNA 的一条链为模板转录形成，它是生物体内最主要的三种生物大分子之一（另两种是蛋白质和 DNA）。RNA 经典的作用是作为信使（mRNA）指导核糖体合成蛋白质的多肽链，实现遗传信息的解码，在这个过程中 RNA 的核心功能来源于其携带的序列信息。但 RNA 除了作为编码蛋白质的信息载体，还在生命过程发挥多种功能，包括调控基因表达和催化化学反应。

RNA 丰富的功能与它的结构特征是分不开的。RNA 结构生物学以 RNA 及其复合物的三维空间结构为核心研究内容，在原子水平揭示 RNA 功能和代谢的分子机制。单链和双链是 RNA 两种最基本的二级结构，转录形成的新生 RNA 最初是个单链分子，如果两段序列的碱基相互配对，它们就会形成双链结构。大部分 RNA 只能形成局部的二级结构，而在整体结构上处于松散的状态。少数 RNA 的二级结构能进一步折叠，形成更复杂的高级结构。RNA 的高级结构是生物体内一些最重要的生命活动（如蛋白质翻译、mRNA 剪接）的基础，它们很自然地成为结构生物学的重要研究对象。另外，在 RNA 的代谢和行使功能过程中，RNA 需要和大量蛋白质结合，RNA 蛋白质复合物的结构也是结构生物学的重要研究内容。

1974 年，酵母苯丙氨酸 tRNA 的完整结构通过晶体学方法得到解析，这是第一个测定的大分子 RNA 结构，首次显示了 RNA 也能折叠成复杂的结构（Kim et al.，1974）。但此后 20 年，RNA 结构研究进展缓慢，到了 20 世纪 90 年代 RNA 结构研究才取得新的突破，重要的 RNA 结构不断被解析。20 世纪 90 年代还开始了对 RNA 蛋白质复合物的结构研究，早期有代表性的工作包括多个氨酰 tRNA 合成酶和 tRNA 复合物的结构、翻译因子 EF-Tu 和 tRNA 复合物的结构、RRM 结构域的 RNA 复合物结构、病毒多肽的 RNA 复合物结构等。2000 年,核糖体小亚基和大亚基的高分辨晶体结构得到解析(Schmeing and Ramakrishnan,2009),这代表着 RNA 结构研究的巅峰成就,核糖体结构极大地扩展了已知 RNA 高级结构的数量。

蛋白质数据库 (PDB) 是存储利用实验手段测定的生物大分子结构的数据库,截至 2014 年年底,PDB 共存有 105 327 个结构,其中包含 1090 个 RNA 结构和 1625 个 RNA 蛋白质复合物结构,它们占总结构数的 2.6%。以下对主要几类 RNA 的结构研究进展做简单的回顾。

(一) 核酶的结构研究

20 世纪 80 年代初期,Cech 和 Altman 分别发现 I 型内含子和 RNase P 是具有催化活性的 RNA,这类 RNA 被称为核酶。核酶的发现颠覆了蛋白质是唯一的生物催化剂的论断,为 "RNA 世界" 假说提供了最重要的一个证据。"RNA 世界" 假说认为在地球生命起源的早期阶段,RNA 既作为遗传信息的载体,又行使催化功能,这两种功能在后来的生命形式中分别主要由 DNA 和蛋白质承担。现在已知的天然核酶数量只有 10 种左右,它们催化的化学反应局限于磷脂键的断裂和连接,以及肽键的合成。但是科学家在实验室利用人工进化方法还找到许多催化其他类型化学反应的核酶,进一步显示了 RNA 作为催化剂的能力。核酶的催化能力也暗示着 RNA 和蛋白质一样能折叠成复杂的高级结构,这点被后来的结构研究所证实。

此后还发现一些能自我切割的核酶,如 Hammerhead、Hairpin、Hepatitis Delta Virus (HDV) 和 Varkud satellite (VS) 核酶。这些核酶含有 60~200 个核苷酸,来源于病毒的卫星 RNA。虽然它们的分布非常有限,但这些小型核酶的结构研究最早取得了成功 (Ferre-D'Amare and Scott, 2010)。1994 年核酶 Hammerhead 的结构被解析,首次揭示了 RNA 催化剂的结构和活性位点,随后 HDV (1998 年) 和 Hairpin (2001 年) 核酶的结构被解析。2004 年在寻找核糖开关过程中发现了一种称为 glmS 的特殊核酶,glmS 只有在结合小分子葡糖胺-6-磷酸 (GlcN6P) 后才能发生自我切割,glmS 是第一个发现的需要辅酶的核酶。2006 年 glmS 核酶的结构被解析,结构显示 GlcN6P 为活性位点提供关键的功能基团。

对其他核酶的结构研究也取得了重要进展:I 型内含子、RNase P 和 II 型内含子的结构也已被解析 (Adams et al., 2004; Toor et al., 2008;

Torres-Larios et al.，2006）。核糖体和剪接体是大型的 RNA 蛋白质复合物，由于它们的核心生化功能——肽键合成和转酯反应是由 RNA 催化的，它们也被认为是核酶。通过多年的结构研究，对核糖体的结构和翻译蛋白质机制已经有了深入的认识（Schmeing and Ramakrishnan，2009）。最近利用冷冻电镜技术在剪接体结构研究上取得重大突破（Nguyen et al.，2016b；Nguyen et al.，2015；Wan et al.，2016；Yan et al.，2015）。目前大部分已知的天然核酶结构已经得到解析，全面理解核酶的分子机制还需要研究它们在各种功能态下的结构。对核酶的结构研究大大增加了我们对 RNA 结构、生化性质和生物学多样性的认识。

（二）核糖开关的结构研究

核糖开关（riboswitch）指 mRNA 上能结合小分子代谢物从而调控基因表达的非编码区域，它是不依赖于蛋白质的 RNA 调控元件。在研究细菌的操纵子时，人们发现一些基因调控通路无法找到相关的调控蛋白质，并猜测有 RNA 调控元件的参与。2002 年 Breaker 和 Nudler 实验室首次发现了可以直接结合小 RNA 元件，因此开创了核糖开关领域的研究（Breaker，2011）。核糖开关主要分布在细菌 mRNA 的 5' 非翻译区域，但一种识别硫胺素焦磷酸的核糖开关也在植物和真菌的 mRNA 内含子中存在。目前已经发现了 20 多种类型的核糖开关，它们结合的小分子包括维生素 B12、硫胺素焦磷酸、黄素单核苷酸、S-腺苷甲硫氨酸、S-腺苷高半胱氨酸、钼钨辅因子、四氢叶酸、腺嘌呤、鸟嘌呤、pre-queuosine-1、脱氧鸟嘌呤核苷、环二鸟苷酸、环二腺苷酸、赖氨酸、甘氨酸、谷氨酸、葡糖胺-6-磷酸、镁离子和氟离子等。有些小分子还能被多种不同类型的核糖开关识别，已经发现至少有 5 种结合 S-腺苷甲硫氨酸的核糖开关。根据生物信息学分析，细菌中可能还存在大量的核糖开关序列，但它们的配体是什么还需要进一步的研究。

核糖开关由配体结合结构域和表达结构域组成。配体结合结构域能特异地识别小分子，结构非常保守，而表达结构域调控基因表达，结构通常变化很大。核糖开关在结合配体与否情况下折叠成两种构象，通过构象变化从而影响下游的表达结构域的结构。核糖开关可以通过影响 mRNA 的转录、翻译、降解和剪接等多种机制控制基因表达。

由于已知的能折叠成高级结构的 RNA 数量非常有限，核糖开关被发现后很快引起结构生物学家的浓厚兴趣。2004 年，第一个嘌呤核糖开关的晶体结构被解析，此后核糖开关的结构解析进展非常迅速，目前所有主要类型的核糖开关的晶体结构都已经得到解析（Peselis and Serganov，2014）。这些结构研究显示，不同类型的核糖开关的结构存在显著的差别，结合小分子的方式也迥异。对核糖开关的结构研究大大丰富了我们对 RNA 折叠和 RNA 结合小分子方式的认识。

（三）小 RNA 的结构研究

调控基因表达的小 RNA 可以说是近 20 年来生命科学领域最重要的发现之一。小 RNA 的长度约为 21 碱基，它们在动物和植物中广泛分布，和细胞分化、个体发育、病毒防御、疾病发生等过程密切相关。小 RNA 的发现揭开了一张原来未知的巨大的基因调控网络，利用小 RNA 调控基因表达的技术已被广泛用在生物研究中，在疾病治疗中也显示出巨大的应用价值。

根据来源和作用对象的不同，小 RNA 可分为 siRNA、miRNA 和 piRNA 等类型，不同类型的小 RNA 通过不同的加工途径产生，但所有小 RNA 都需要和 AGO 蛋白结合，形成沉默复合物发挥作用，因此 AGO 的结构信息对理解小 RNA 的作用方式具有重要的意义。AGO 沉默复合物利用小 RNA 结合互补的靶 RNA，影响靶 RNA 的转录、稳定性或翻译活性。最初的 AGO 结构研究利用容易制备的来源于原核生物的同源蛋白质，科学家解析了多个处于不同功能态的结构（Wang et al.，2009b），最近人源 AGO2 的 RNA 复合物结构也得到解析（Schirle et al.，2014）。小 RNA 的加工成熟需要核酸酶Ⅲ家族成员 Dicer 和 Drasha，但它们的完整结构仍没有被报道（Jinek and Doudna，2009）。

（四）CRISPR RNA 的结构研究

CRISPR-Cas 系统是最近发现在原核生物中广泛分布，由 RNA 介导，具有自适应性并且能够遗传的免疫系统（Makarova et al.，2011）。该系统由 CRISPR DNA 和其附近的 *cas* 基因组成，其作用过程分为三个阶段。在适应阶段，宿主将外源噬菌体或质粒的 DNA 片端整合到自身基因组的 CRISPR 位点；在表达阶段，CRISPR 位点进行转录，然后转录产物被加工为 CRISPR RNA（crRNA）；在干扰阶段，crRNA 和 Cas 蛋白组成沉默复合体，并利用 crRNA 序列互补的能力指导效应复合体识别并降解具有同源序列的 DNA 或 RNA。根据组分和作用机制的区别，CRISPR-Cas 系统可分为 3 种主要类型及 10 多种亚型。

自从 CRISPR-Cas 系统被发现以来，大量 Cas 蛋白的结构已经得到解析，这些结构对理解 Cas 蛋白功能提供了重要的信息。CRISPR 沉默复合体是调控基因表达的效应分子，它们利用结合的 circRNA 识别特异的底物进行切割。Ⅰ型和Ⅲ型 CRISPR 沉默复合体是由多个蛋白质和 circRNA 构成的大型复合物，而Ⅱ型沉默复合体由单个 Cas9 蛋白、circRNA 和另一条反式 RNA 组成。由于Ⅱ型 Cas9 系统的组成简单，它已经被广泛用于基因编辑，对生物和医学发展将产生深远的影响。

CRISPR 沉默复合体结构研究最近取得了多个重大进展，Ⅰ-E 型的 Cascade 复合物的高分辨晶体结构得到了解析（Jackson et al.，2014; Mulepati et al.，2014; Zhao et al.，2014a），Ⅲ-B 型 Cmr 复合物和Ⅲ-A 型 Cms 复合物也有电镜结构报道（Spilman et al.，2013; Staals et al.，2013; Staals et al.，2014）。Ⅰ型和Ⅲ型沉默复合体的组分差别巨大，但它们的结构却显现惊人的相似性。它们的结构都呈长条状，并结合一条处于伸展构象的 circRNA，两类复合物都含有一种多拷贝的蛋白质，它组成螺旋状的骨架，缠绕在 circRNA 周围。Ⅱ型 Cas9 RNA 复合物的高分辨晶体结构也得到了解析（Jinek et al.，2014; Nishimasu et al.，2014），该结构为进一步改造 Cas9 应用于基因编辑提供了重要的基础。

（五）snoRNA 的结构研究

snoRNA 指在真核生物的核仁稳定存在的小 RNA，它分为 H/ACA 和 C/D 两种类型，主要作用是介导核糖体 RNA 的修饰和加工。这两类 snoRNA 分别和多个蛋白质形成复合物发挥功能，H/ACA RNA 蛋白质复合物催化底物 RNA 的假尿嘧啶形成，而 C/D RNA 蛋白质复合物催化底物 RNA 核糖 2'位的甲基化。它们都利用结合的 RNA 作为向导，识别特异的底物。在古细菌中也存在类似的 H/ACA RNA 和 C/D RNA，说明它们在进化上具有十分古老的起源。目前已经解析了来源于古细菌的两类 RNA 蛋白质复合物的完整结构以及它们结合底物的结构，这些结构揭示它们如何利用 RNA 作为向导识别底物的分子机制（Duan et al.，2009; Li and Ye，2006; Lin et al.，2011）。

二、该领域的关键科学问题

1. RNA 的结构类型和折叠原理

RNA 仅仅由四种核苷酸构成，它的化学多样性要远少于由 20 种氨基酸组成的蛋白质，但已知的 RNA 结构显示 RNA 也能折叠成复杂程度不逊于蛋白质的高级结构。RNA 的二级结构可以利用一些软件进行比较准确的预测，还可以利用核酸酶切割等手段进行实验测定，最近结合高通量测序技术还实现了在全基因组范围 RNA 二级结构的测定。但是在缺乏同源结构的情况下，目前还无法预测一段 RNA 序列能否折叠成高级结构，甚至缺乏方便的手段测定 RNA 是否形成了高级结构。近些年在各种生物中发现了大量的非编码 RNA，它们中有多少序列能形成高级结构？RNA 能折叠成多少种结构类型？是什么力量驱使 RNA 折叠成高级结构？这些问题是 RNA 结构领域当前面临的一些重大问题。

2. 蛋白质识别 RNA 的方式和原理

很多生物过程依赖于蛋白质对 RNA 的特异识别，比如 RNA 修饰酶需要识别作为底物的 RNA，有些蛋白质能结合特异 RNA 进行运输或影响其剪切、翻译等活性。细胞内存在大量的 RNA 分子，蛋白质是如何实现对某种特定 RNA 的识别的？

3. 大型 RNA 蛋白质复合物的结构

有些 RNA 需要和蛋白质结合形成复杂的结构发挥功能，细胞内重要的 RNA 蛋白质复合物包括核糖体、剪切体、snoRNP、端粒酶、RNA 沉默复合物和 CRISPR 沉默复合物等。已经发现的大型 RNA 蛋白质功能复合物的种类并不多，但它们往往具有复杂的组分和结构，给结构解析带来很大的挑战性。

4. RNA 蛋白质复合物在体内的组装过程

大部分 RNA 蛋白质复合物在生物体内都要经历复杂的生物发生过程，比如核糖体的装配就需要数量惊人的装配因子。这些装配因子只在特定阶段和复合物结合，但不在成熟的复合物中出现。RNA 蛋白质复合物在体内以什么顺序进行组装？装配因子的具体作用是什么？解析 RNA 蛋白质复合物的组装中间体的结构对理解装配过程将提供关键的信息。

三、发展思路

RNA 的结构研究一直是结构生物学的前沿领域，该领域积累了一些重大的科学问题有待攻克，新 RNA 的发现也不断产生新的结构生物学问题。近 20 年来，以核糖体结构为代表，RNA 的结构研究在国际上取得了巨大进展。

RNA 的结构研究在国内的基础比较薄弱，最近出现了几个研究 RNA 结构的实验室，并取得了多个重要成果。为了提高我国 RNA 结构研究的水平，解决重大的科学问题，应加大对 RNA 结构研究方向的资助力度，培育重点研究课题，鼓励攻克重大的 RNA 结构问题。另外，依托国内有一定基础的单位，建设重点实验室，吸引和培养相关人才，大幅提升研究实力。

四、前沿方向及研究内容

蛋白质和核酸等生物大分子能折叠成特定的空间结构，这是它们发挥功能的基础。结构生物学就是利用 X 射线晶体学、核磁共振和电子显微镜等物理手段解析生物大分子的空间结构，揭示其结构和功能的关系。结构生物学研究将揭示 RNA 如何折叠，如何和蛋白质结合形成功能复合物，它是理解 RNA 功能和机制的关键手段。结构生物学还研究 RNA 及其复合物的动态结构，生物大分子的活性构象往往处于高能态，含量低，无法用常规的手段研究。生物大分子的动态结构可以通过核磁共振、时间分辨飞秒晶体学和单分子荧光等技术进行研究。结合目前 RNA 结构领域的发展形势和国内的研究基础，以下介绍几个重要的 RNA 结构领域的问题。

1. 和非编码 RNA 加工、运输、代谢及功能相关的结构研究

从细菌到人类的基因组中都发现大量区域能表达非编码 RNA，非编码 RNA 可以在转录、转录后和表观遗传等多个水平上调控基因的表达，是细胞内调控网络的重要组成部分，与多种人类疾病存在密切关联。探索非编码 RNA 的作用机制与功能是后基因组时代生命科学研究领域的最重大的挑战之一。非编码 RNA 的生成、代谢及发挥功能往往需要特殊的机制，例如小 RNA 的产生需要 Dicer 和 Drosha，发挥功能需要和 AGO 和 PIWI 蛋白结合。研究非编码 RNA 的生成、代谢、功能相关的复合物结构对于研究基因表达的调控和疾病的发生和发展具有重大的意义。

2. 核糖体和核糖体前体结构

核糖体是合成蛋白质的大型 RNA-蛋白质复合物，其中 rRNA 是核糖体结构和功能的核心。核糖体与 mRNA、tRNA 和多种翻译因子动态结合，完成 mRNA 序列的准确解码和肽键的合成。近 20 年电镜和晶体学的研究已经揭示了原核核糖体结构和多种功能态的细节，但还有许多问题需要更深入的结构和机制研究。真核生物核糖体的结构研究才刚刚进入高分辨率的阶段。

最近电子显微镜三维重构技术出现了重要突破，对于核糖体这种不对称的分子也能解析到 3~4 埃分辨率的结构。无疑电镜技术对核糖体及其他大型复合物的结构研究将起到关键的作用。

另外对核糖体在体内的装配过程远远落后于对核糖体结构的了解。真核生物核糖体的装配过程特别复杂，酵母中的研究表明，大约 200 个非核糖体蛋白质和多条 snoRNA 与核糖体临时结合，形成一系列核糖体前体分子。这些组装因子的结合方式、具体作用和生理意义还很不清楚。这些核糖体因子在真核生物中高度保守，它们的突变和很多疾病有关，这说明核糖体组装是个基本的生物过程。理解核糖体的装配过程需要研究各种核糖体前体的结构，但是核糖体前体分子庞大，成分复杂，体内含量低，结构不均匀，使得结构研究非常具有挑战性。

3. 剪接体结构

在真核生物中，mRNA 前体分子由间隔的内含子和外显子组成，在每个内含子被切除后，mRNA 才能成熟，成为正确的翻译模板。剪接体负责真核生物 mRNA 前体分子中内含子的切除和外显子的连接，它由 5 条 snRNA 和近 170 个蛋白质构成。在剪接反应的不同阶段，剪接体的成分和结构会发生巨大的变化，剪接体具有高度的复杂性和动态性。剪接体结构和装配是理解剪接反应机制和调控机制的关键，也是 RNA 结构生物学领域的重大问题。

4. 端粒酶结构

端粒是真核生物染色体末端的特殊结构，它在维护染色体稳定性中发挥重要作用。端粒 DNA 由简单的重复序列构成，它不是通过 DNA 复制产生的，而是由端粒酶合成的。端粒酶是个独特的逆转录酶，它利用自身结合的 RNA 作为复制模版，以循环的方式合成端粒 DNA 上的重复序列。端粒酶维持着癌细胞中端粒的长度，因此被认为是个重要的抗癌靶蛋白。由于端粒酶独一无二的工作方式，它的结构具有重要的科学价值。

5. CRISPR 沉默复合物结构

CRISPR-Cas 是最新发现的在细菌和古细菌中广泛存在的基于 RNA 的新型病毒防御系统。它能整合入侵病毒 DNA 上一小段特征序列到宿主基因组上，然后产生来源于病毒序列的 ceRNA。ceRNA 和 Cas 蛋白形成的沉默复合物能降解特异的病毒 DNA 或 RNA。目前发现至少有 3 大类和 10 小类的

CRISPR-Cas 系统，它们的分子机理和结构也是当前的热点研究领域。

五、发展目标

通过对 RNA 结构生物学研究的重点支持，经过 5～10 年的努力，集中力量解决若干重要的 RNA 结构问题，在剪接体、核糖体、CRISPR/Cas 复合物和端粒酶等重要 RNA 蛋白质复合物研究上取得重大成果；建立先进的 RNA 结构研究平台，充分利用最新的冷冻电镜技术研究大型复合物结构；培养一批 RNA 结构研究人才，建立有国际影响力的 RNA 结构研究实验室。

六、我们的优势

我国在蛋白质结构研究方面具有良好的基础，但在 RNA 结构研究方面原来比较薄弱。随着国家对基础科学研究投入的加大、结构研究设施的建设和科研队伍的壮大，最近几年国内 RNA 结构研究也呈现显著上升的趋势，产生了多个有影响力的成果。清华大学施一公研究组在剪接体结构研究上取得多个重大进展，利用冷冻电镜技术解析了高分辨的 U2-U5-U6 snRNP 结构，揭示了剪接反应活性中心的细节，另外还解析了剪接体装配中间体 U4/U6-U5 tri-snRNP 的结构（Hang et al.，2015；Wan et al.，2016；Yan et al.，2015；Zhou et al.，2014a）。北京生命科学研究所叶克穷研究组解析了 H/ACA 和 C/D 两类 RNA 蛋白质复合物结构（Duan et al.，2009；Li and Ye，2006；Lin et al.，2011）。中国科学技术大学施蕴渝研究组解析了细菌非编码 RNA 和分子伴侣 Hfq 复合物的结构（Wang et al.，2011c）。上海国家蛋白质科学中心雷鸣研究组解析了端粒酶多个亚复合物结构（Huang et al.，2014；Wan et al.，2015）。上海国家蛋白质科学中心黄昊研究组解析了非编码 RNA 生成代谢相关蛋白质的结构（Yu et al.，2015）。中国科学院上海生命科学研究院生物化学与细胞生物学研究所王恩多实验室长期研究氨酰 tRNA 合成酶的功能和结构（Zhou and Wang，2013）。中国科学院生物物理研究所王艳丽研究组解析了 AGO 沉默复合体和 CRISPR-Cas 复合体的结构（Sheng et al.，2014；Wang et al.，2015；Zhao et al.，2014a）。中国科学院生物物理研究所许瑞明研究组解析了剪切体亚复合物的结构（Lin and Xu，2012）。清华大学高宁研究组解析了多个原核核糖体装配中间体的电镜结构（Feng et al.，2014；Guo et al.，2011；Li et al.，2013a）。清华大学王宏伟研究组解析了 RNA 降解复合物 exosome 的电镜结构（Liu et al.，2014a）。清华大学颜宁研究组和中国科学院上海药物研究所徐华强研究组解析了 PPR

结构域的 RNA 复合物结构（Ke et al.，2013；Yin et al.，2013）。复旦大学麻锦彪研究组研究了非编码 RNA 代谢和功能相关复合物的结构（Huang et al.，2009b）。因此，我国结构生物学家在 RNA 结构领域已经具有较好的研究实力，并做出重要的贡献。

近些年，中国结构生物学研究的基础设施也得到了很大的发展，为 RNA 结构研究提供了重要的硬件支持。高性能的同步辐射光源是 X 光晶体学研究的必要设备，上海光源第一条生物大分子晶体学线站在 2009 年开通，大大地促进了国内蛋白质晶体学的研究，该线站已经成为全世界最高产的线站。2015 年上海光源又开通三条新的生物大分子晶体线站，进一步为中国生物大分子结构研究提供设备保障。电镜是研究大型 RNA 蛋白质复合物结构的重要手段，清华大学、中国科学院生物物理研究所和上海国家蛋白质科学中心等单位已经建立了用于分析生物大分子结构的一流的电镜设施，已有多个重要成果产出。另外，许多科研单位配备有能解析生物大分子结构的多维核磁谱仪，其中北京大学核磁共振中心、国家上海蛋白质科学中心建立了提供开放服务的先进的核磁谱仪平台。这些结构生物学设施的进步，为我国科学家挑战重要的 RNA 结构问题奠定了坚实的基础。

第五节 非编码 RNA 与医学

一、概述

俄亥俄州立大学 Croce 小组于 2002 年首次报道 miRNA 与肿瘤相关，开启了医学领域非编码 RNA 研究的新篇章。他们发现 68% 的慢性淋巴细胞白血病患者由于染色体 13q14 区域的缺失导致位于该区域的两个 miRNA——miR-15 和 miR-16 表达水平下降，提出二者可能具有抑癌基因的功能（Calin et al.，2002）。随后各国科学家研究了多种肿瘤的基因表达谱，发现许多 miRNA 在肿瘤中表达异常升高或降低，并且通过体内外实验证实，细胞内的 miRNA 可调控肿瘤的生长或转移，具有癌基因或抑癌基因功能（Calin and Croce，2006；Zhang et al.，2015b）。近年来在人类肿瘤标本中发现 TARBP、ICER1 和 exportin-5 等参与 miRNA 加工的编码蛋白质的基因突变，导致 miRNA 生成受阻，从而较好地解释了肿瘤中 miRNA 表达整体下调的现象（Melo et al.，2010；Melo et al.，2009）。

piRNA 是在生殖细胞中富集表达的一类新型小 RNA，它通过特异性地与 Piwi 蛋白家族结合形成复合物来行使功能。果蝇中 piRNA 的缺失以及小鼠中 Piwi 蛋白的突变均可导致雄性不育,提示 piRNA 与生殖异常密切相关,但 piRNA 的具体功能及作用机制目前尚处于前期探索阶段。有研究发现 Piwi/piRNA 复合物通过沉默转座元件及清除 mRNA 等方式,调控生殖细胞的发育分化及配子形成(Gou et al., 2014;Mohn et al., 2015;Zhang et al., 2015a;Zhao et al., 2013)。

近年来,lncRNA 与各种疾病关系的报道也日益增多。已有报道指出 lncRNA 在多种肿瘤中表达异常。美国宾夕法尼亚大学研究者在 12 种共 2000 余个肿瘤标本中进行全基因组扫描,发现 lncRNA-FAL1 在肿瘤中存在明显扩增,并揭示它通过抑制 p21 的表达促进细胞增殖和肿瘤生长(Hu et al., 2014)。乳腺癌中 lncRNA BCAR4 通过调控转录因子的活性促进肿瘤转移(Xing et al., 2014)。lncRNA-NBAT-1 是神经母细胞瘤中的抑癌基因,而它自身的表达受到启动子区 CpG 岛甲基化及 SNP 的双重影响(Pandey et al., 2014)。这些证据显示,lncRNA 是癌症形成和发展中的一类新型作用因子。lncRNA 在其他疾病中的作用研究也初现端倪。例如,在遗传型肺泡毛细血管发育不良的病人中发现 lncRNA-Fendrr 基因缺失突变(Szafranski et al., 2013)。相应地,lncRNA-Fendrr 敲除小鼠的肺部发育严重缺陷,导致胚胎或围产期死亡,提示 lncRNA-Fendrr 与肺部疾病有关(Grote et al., 2013;Sauvageau et al., 2013)。目前虽有少量心血管疾病相关的 lncRNA 被发现,但它们的功能及作用机制尚不清楚(Kataoka and Wang, 2014)。

以非编码 RNA 为靶点的基因治疗药物研究已取得重要进展。早在 2005 年,美国的研究者就率先开展了 miR-122 反义寡核苷酸的体内研究。他们发现胆固醇偶联 miR-122 的反义寡核苷酸可有效抑制小鼠肝细胞中 miR-122 的表达,并使血浆胆固醇的表达量下降 40% 以上(Krutzfeldt et al., 2005)。随后,美国 Isis Pharmaceuticals 公司用 miR-122 的反义寡核苷酸治疗饮食性肥胖的小鼠并取得成功(Esau et al., 2006)。anti-miR-122 对灵长类动物(非洲绿猴)血浆胆固醇的调节作用已经被证实,而且静脉注射 anti-miR-122 对肝脏无明显毒副作用,提示 anti-miRNA 具有潜在的临床治疗效果(Elmen et al., 2008)。类似地,抑制 miR-33 可增加非洲绿猴血液中循环高密度脂蛋白(HDL)的水平,有效防止动脉粥样硬化(Rayner et al., 2011)。肿瘤治疗方面,胆固醇偶联的 anti-miR-221 可抑制原位种植的 HCC 细胞的增殖,并延长荷瘤鼠的生存时间(Park et al., 2011)。近期,MD 安德森癌症中心的科学家用靶向 lncRNA-BCAR4 的锁核酸强有力地抑制了异源移植的乳腺癌的转移,在体内证实了 lncRNAs 作为乳腺癌治疗靶点的可能性(Xing et al.,2014)。更值得期待的是,miRNA 抗癌药物 miR-34 脂质体(MRX34)已在多种实体肿瘤及淋巴瘤、白血病患者中进行多中心 I 期临床试验(Clinical-Trials. gov Identifier: NCT01829971)。

近年来,许多国内外研究者对循环非编码 RNA 在各种疾病中的临床应用进行了探索性研究,并揭示血清/血浆 miRNA 可能作为肺癌、肝癌、胃癌、胰腺癌、乳腺癌及心血管系统疾病(心肌肥大)等疾病早期诊断及预后评价的分子指标(Cheng,2015)。生殖医学领域也在尝试用羊水中的 miRNA 表达谱进行非侵入性产前诊断,以及利用精液中的 miRNA 表达谱诊断男性不育。组织中特异高表达的 miRNA 在组织损伤时会被释放到血液中,因此血液中这些 miRNA 的水平可作为重要器官(如肝、心和脑)损伤的诊断分子标记(Adachi et al., 2010;Andersson et al., 2012;Bekris et al., 2013;Ji et al., 2009b;Tryndyak et al., 2012;Zhang et al., 2010b)。也有少量研究评价血清中其他 ncRNA,如 snRNA 和 lncRNA 等的临床意义(Baraniskin et al., 2013;Kumarswamy et al., 2014;Lorenzen et al., 2015;Tong et al., 2015;Zhou et al., 2015b),但总体上样本量少,且未经多中心验证。

美国临床试验中心(网址:http: //219.238.166.215/mcp/Default. html)提供的数据显示,截至 2015 年年底,基于 miRNA 的临床研究共有 300 余项,研究内容涉及 miRNA 药物效果测评、分子标记物筛选、分子靶点的筛选与验证等。基于 lncRNA 的临床研究也已经起步,美国临床试验中心网站上登记注册的项目有 5 项。

尽管目前医学领域非编码 RNA 的研究已取得丰硕的成果,研究者已证实非编码 RNA 分子与代谢性疾病、神经系统疾病、心脑血管系统疾病及多种肿瘤的发生和发展密切相关,但我们应当看到,目前人们对非编码 RNA 与人类疾病关系的认识仍相当粗浅和零碎。目前已鉴定的疾病相关的非编码 RNA 数目仍非常有限,还有大量参与疾病过程的 RNA 亟待发掘,疾病相关非编码 RNA 的功能研究更是有待加强。针对以上问题,我们认为当前研究的重点是结合非编码 RNA 独特的生物学特征与疾病的各种表型,揭示疾病中非编码 RNA 表达异常的机制,以及非编码 RNA 与其靶标分子组成的信号网络协同调控细胞增殖、凋亡、分化及代谢等生命活动的规律,从非编码 RNA 层面阐明疾病发生发展的分子机制,为疾病治疗提供新的靶点和分子标记物。而对已具备疾病治疗靶点潜力或已鉴定可能作为疾病早期诊断和预后预测标记物的非编码 RNA，进一步针对它们开展以临床应用为导向的转化研究，将是推动基础研究成果应用于临床的关键，也是最终实现精准医学的必由之路。

二、关键科学问题

1. 新的疾病相关非编码 RNA 的系统发现

获得病理状态下非编码基因结构的遗传学变异信息，以及对应的表达谱数据，揭示疾病发生发展不同阶段非编码 RNA 表达的动态变化，并通过分析非编码 RNA 突变谱及表达谱与细胞表型及疾病进程的相关性，确定非编码 RNA 与疾病发生发展的相关性。

2. 疾病相关非编码 RNA 的功能及调控网络

结合非编码 RNA 与疾病的各种表型，鉴定非编码 RNA 分子的功能元件及作用方式，解析与非编码 RNA 相互作用的分子及信号网络，研究非编码 RNA 调控疾病的发生和发展及治疗反应的分子机理，为预防和治疗人类疾病提供新的分子靶点；揭示非编码 RNA 的表达调控机制，阐明疾病相关非编码 RNA 表达失调的机制。

3. 非编码 RNA 在新药开发及疾病防治中的应用

非编码 RNA 医学的另一个重要科学问题是，探讨非编码 RNA 用于疾病预防、诊断与治疗的可行性，可在以下三个方面进行积极探索与创新：①筛选与创立基于非编码 RNA 检测的高灵敏度、高特异性与高准确性的疾病诊断和预后预测分类器；②建立以非编码 RNA 为靶点的新药筛选平台；③开发可用于疾病治疗的非编码 RNA 药物。

三、发展思路

人民健康是实现"中国梦"的基础和保障。随着基因组、转录组技术的快速进步，以及生物信息与大数据科学的交叉应用，对于疾病和特定患者进行个性化精准诊断与治疗成为可能。精准医学是根据每个病人的个人特征量体裁衣式地制订个性化诊断与治疗方案，它对于提升疾病诊治与预防的效果，提高人们的健康水平至关重要。医学领域非编码 RNA 研究的总体思路是，以精准医学为导向，从临床中发现问题，通过基础研究揭示非编码 RNA 在特定疾病的发生和发展过程中的作用及机制,最后以基础研究的成果指导临床实践,遵循从"病床到实验室再回到病床"的原则,开展以创新预防、精确诊断和治疗疾病为目标的科学研究。围绕人类重大疾病的预防、临床诊断及治疗中的难题,采用体内外模型,精确发现和鉴定与疾病特异病理状态相关的非编码 RNA,探索非编码 RNA 与相关分子之间的相互作用机制,及其对疾病细胞恶性表型的调控作用,最终阐明疾病中非编码 RNA 的功能及调控网络,为人类疾病的防治提供理论依据,为疾病的精确诊断和治疗提供新的策略。在此基础上,加强与临床应用紧密相关的非编码 RNA 药物的研发及相关药理学研究,加快非编码基因资源及技术的临床转化应用,提升我国生物医药领域的持续创新能力。

四、前沿方向及研究内容

非编码 RNA 与疾病领域前沿方向主要包括:如何发现与鉴定细胞中与疾病相关的非编码 RNA?非编码 RNA 如何调控疾病的发生和发展,其功能及作用机制是什么?疾病相关非编码 RNA 的转录、转运、加工及修饰如何被调控?非编码 RNA 能否用于疾病的诊断及防治,其安全性和效果如何?围绕这些前沿方向,未来非编码 RNA 医学领域应重点研究各种疾病模型中非编码 RNA 的生成、加工、修饰及代谢,阐明非编码 RNA 与蛋白质的相互作用网络对疾病表型的影响,探索非编码 RNA 在疾病诊断和防治中的应用。

1. 新的疾病相关非编码 RNA 的系统发掘

通过全基因组扫描,发现临床标本中非编码基因的单碱基突变及拷贝数变异等遗传学变化,确定与疾病相关的候选非编码 RNA。通过转录组分析,获得不同病理状态下非编码 RNA 的表达谱,以及对应的编码蛋白质的基因表达谱,并整合表达谱的数据与患者的分期、分级、药物反应和预后等临床指标,通过聚类分析和相关分析等统计方法,确定与疾病的发生和发展、预后及治疗反应等指标相关的非编码 RNA。在技术层面上,发展高灵敏度的定量、定性的非编码 RNA 检测方法,以及深度测序等高通量鉴定新的非编码 RNA 的技术,以实现疾病相关非编码 RNA 的系统发掘。

2. 非编码 RNA 调控疾病发生和发展的分子机理

非编码 RNA 发挥功能的方式复杂多样,已有的研究揭示非编码 RNA 可能通过对蛋白质、DNA 和 RNA 的调节,在基因组结构、转录及转录后等多层次发挥调控作用。本方向的研究重点是鉴定非编码 RNA 分子的功能元件及作用方式，解析非编码 RNA 相互作用的分子及调控网络。借助细胞及动物模型，通过人工干预的方法，精确鉴定致病非编码 RNA 及疾病治疗的靶点。随着物种复杂性的升高，有些非编码 RNA，如 lncRNA 的种类和功能也不断增加，对于这些进化过程中新产生的保守性较差的非编码 RNA，需发展人源化动物模型，在体内研究非编码 RNA 调控疾病的发生和发展的分子机理。

3. 疾病相关非编码 RNA 的表达调控机制

疾病相关非编码 RNA 自身的表达受到遗传学和表观遗传学的调控，因此揭示疾病进程中非编码 RNA 表达异常的机制，需从遗传学和表观遗传学等不同方面进行探索，研究 DNA 甲基化和组蛋白修饰等表观遗传因素及转录调控因子对疾病相关非编码 RNA 的表达调控机制，研究疾病相关非编码 RNA 自身转录后加工、修饰、定位及降解相关机制，深度挖掘疾病相关非编码基因表达规律及其与编码蛋白质的基因间的表达调控关系，构建疾病相关基因表达调控网络模型，从整体上揭示疾病的发生和发展过程中的分子相互作用网络。

4. 以非编码 RNA 为基础的转化医学研究

转化研究是促进基础研究成果应用到临床的关键，也是最终实现精准医学的必由之路。非编码 RNA 在疾病分型、诊断和防治方面的潜力巨大。通过在特定疾病类型中进行非编码 RNA 转录组和靶标组的研究，获得各种疾病特定病理情况下非编码 RNA 的动态变化数据。通过多中心、大样本量的回顾性和前瞻性研究，鉴定并验证可能用于疾病诊断与预后预测的分子标记物，在此基础上，开发高敏感性、高特异性的非编码 RNA 诊断试剂盒。与此同时，对重要的非编码 RNA 疾病防治靶标，发展靶向性的非编码 RNA 药物。通过以上研究，最终实现对疾病和特定患者进行个性化精准诊断与治疗的目的，提高疾病诊治与预防的效果。

5. 高质量的非编码 RNA-疾病整合数据库

患者遗传背景和疾病诱发因素的差异往往导致患者之间极高的异质性和复杂性。对不同来源患者的基因组、编码基因及非编码基因转录组数据及患者临床信息进行分类和标准化，构建非编码 RNA 及其互作分子的功能网络，以及全面整合患者遗传学信息和临床资料的开放式疾病数据库，方便科研人员和临床医务人员获取精准的疾病信息，进而开展精准医疗研究，实现疾病的精准治疗。

五、发展目标

围绕"疾病发生发展过程中的非编码 RNA 功能及调控网络"这一前沿关键科学问题，以常见疾病为模型，建立一系列创新性的 RNA 组学研究平台和技术体系，解析一批新的与病理性状相关的非编码 RNA 的生物学功能及其机制，揭示人类重大疾病中的"RNA 调控网络"，更全面地阐释疾病的发生机理，发现新的疾病治疗靶点。同时，寻找可作为分子标记物的非编码 RNA，将非编码 RNA 应用于疾病诊断、预后预测与治疗。本方向研究旨在使我国在疾病相关非编码 RNA 研究领域取得突破性进展，在国际上占有一席之地，并为我国培养一批相关领域的优秀人才，为重大疾病的干预及防治提供新的思路与技术，为人口健康等国家重大需求作贡献。

六、我们的优势

我国疾病相关非编码 RNA 的研究起步较早，先后取得了一系列的优秀成果，并引起国际同行的广泛关注。几乎与国际同步，我国科学家较早地开展了疾病相关小 RNA 的研究。在表达谱分析的基础上，系统鉴定了一批可调控肿瘤生长与转移、具有抑癌或促癌功能的 miRNA，受到国际同行的广泛关注。中国人民解放军第二军医大学曹雪涛、中山大学庄诗美及上海市肿瘤研究所何祥火等团队有关 miRNA 在肝癌发生发展中的功能及调控网络研究取得了许多突破性进展，他们发现 miRNA 可调控同一信号通路或多条信号通路的不同蛋白质，并与蛋白质共同构成信号反馈回路，精密调节细胞增殖、凋亡及运动等生命活动，影响肝癌的发生和发展进程，从全新的角度揭示了细胞信号网络和肝癌发生发展的分子机制，同时也为肝癌的治疗提供了新的分子靶点。其中何祥火团队通过全基因组范围检测 miRNA 基因的变异，揭示位于肝癌染色体扩增区的 *miR*-151 为新的促转移基因，相关研究论文发表在《Nature Cell Biology》（Ding et al., 2010）。曹雪涛团队有关 miR-199-3p 抑制肝癌生长的成果发表于《Cancer Cell》杂志（Hou et al., 2011）。在乳腺癌研究方面，中山大学宋尔卫团队在《Cell》杂志发表论文，揭示 let-7 调控乳腺癌干细胞自我更新和成瘤能力（Yu et al., 2007）。中山大学黎孟枫课题组鉴定了一批脑胶质瘤相关的 miRNA（Jiang et al., 2012a; Li et al., 2010a; Li et al., 2008a; Li et al., 2010b; Liu et al., 2010; Song et al., 2012b），陈月琴课题组研究了 miRNA 在白血病发生发展中的作用（Li et al., 2013b; Zeng et al., 2014）。此外，我国科学家还确定了一批调节骨骼、肌肉及造血细胞分化的 miRNA。哈尔滨医科大学杨宝峰课题组发现 miR-1 和 miRNA-328 的过表达可以导致心肌心律失常（Yang et al., 2007），而 miR-101 可减轻心肌梗死造成的间质纤维化和心脏功能衰退（Pan et al., 2012）。中南大学附属湘雅二医院罗湘杭等研究了骨质疏松症的发病机制，发现 miR-2861 是人骨质疏松症新的致病基因，成果在《Journal of Clinical Investigation》杂志发表（Li et al., 2009a），并被选为同期亮点（highlight）评述。

中国科学院上海生命科学研究院生物化学与细胞生物学研究所刘默芳团队关于精子发生过程中 piRNA 的作用研究取得重要进展，首次揭示了 MIWI/piRNA 的代谢调控机制，为精子细胞发育受阻及男性不育症的发生提供了分子基础（Gou et al., 2014; Zhang et al., 2015a; Zhao et al., 2013）。我国在疾病相关 lncRNA 的研究也处于世界前列。第二军医大学孙树汉团队在肝癌相关 lncRNA 研究中取得丰硕成果，已在《Cancer Cell》和《Hepatology》等顶级国际期刊发表了多篇文章。其中《Cancer Cell》文章揭示了 lncRNA 与 TGF-β 信号通路的关系，发现 TGF-β 通过促进 lncRNA-ATB 的表达，同时促进转移早期肿瘤细胞的侵袭和转移晚期肿瘤细胞在远处器官的定植过程（Yuan et al., 2014）。该文的发表引起业内的关注，在同期的 preview 栏目中，普林斯顿大学的康毅滨博士发表评论文章特别推介该论文。中国科学技术大学吴缅研究组发现 lincRNA-p21 促进肿瘤细胞的糖酵解及肿瘤生长，具有癌基因功能（Yang et al., 2014）。新近研究还揭示 lncRNA MRUL 可导致胃癌细胞对化疗药物的耐药（Wang et al., 2014f）。中山大学宋尔卫团队还发现调控炎癌转化的重要 lncRNA，研究成果登上《Cancer Cell》杂志封面（Liu et al., 2015a）。

我国在 RNA 干扰技术和基于 RNA 技术的新药筛选方面也取得了一系列进展。中山大学宋尔卫应用靶向乳腺癌细胞的 ScFv 及纳米载体等技术，成功实现了在荷瘤小鼠体内导入 siRNA 治疗乳腺癌（Yao et al., 2012）。北京大学梁子才团队也在积极开展 RNA 干涉药物的研发。第二军医大学曹雪涛课题组用胆固醇偶联 miRNA 和腺相关病毒（AAV）表达载体两种方法分别将 miR-199a/b-3p 导入异源移植的肝癌中，均可以抑制肿瘤生长，并且没有明显的毒副作用（Hou et al., 2011）。

已有系列研究提示肿瘤患者组织非编码 RNA 表达谱可能用于预后预测或作为个体化靶向治疗的依据。复旦大学孙惠川课题组与美国国立癌症研究院、香港大学玛丽医院研究人员合作，通过检测三个独立的肝癌群体癌组织中 miRNA 的表达谱，发现 miR-26 的表达水平可作为判断肝癌患者是否适宜接受干扰素治疗的筛选指标（Ji et al., 2009a）。该研究成果在《The New England Journal of Medicine》杂志发表，同期发表了哈佛大学医学院 Judy Lieberman 撰写的短评，认为该研究不仅可协助医生正确决策，还为改善干扰素治疗的效果提供了新的参考指标。中山大学马骏课题组在《The Lancet Oncology》连发两篇文章分别报道 miRNA 作为结肠癌及鼻咽癌预后标记物的可能性。其中由 6 个 miRNA 组成的结肠癌分类器结合美国国立综合癌症网（NCCN）发布的指南中的 4 个高危指标，可以使 II 期结肠癌患者被误判为高危患者的比率下降 20% 以上，有效避免了这部分患者被过度治疗（Zhang et al., 2013b）。而在鼻咽癌中发现的一组由 5 个 miRNA 构成的分子标签可以准确甄别预后差的患者，有利于临床医生尽早制订针对性的干预治疗方案以改善预后（Liu et al., 2012c）。该文章发表后被选为同期杂志亮点评述，认为该研究为制订鼻咽癌最优治疗方法提供了可靠的证据。

非编码 RNA 还可稳定存在于人类的血液及体液中。循环系统中非编码 RNA 的表达谱变化与多种肿瘤的发生和发展相关，不仅可以作为肿瘤临床预后评估的分子标志物，更重要的是，它为癌症及其他疾病的诊断提供了一种新的非侵入性的检测方法，可以方便地用于疾病的早期监测及预后评估。复旦大学樊嘉课题组从肝癌患者血浆中成功筛选到由 7 个 miRNA 组成的早期肝癌诊断分子分类器。该分类器对小于 2 厘米的肝癌诊断准确率接近 90%，效果优于传统检测方法（Zhou et al., 2011）。中山大学庄诗美课题组通过对 1416 例血清检测，建立了肝癌早期预警的血清 miRNA 分类器，该分类器不仅可区分健康人、肝癌患者及肝癌高风险者，还可以比现有的诊断措施提前 1 年预警高风险人群的肝癌发生（Lin et al., 2015）。该项研究成果发表在国际著名医学期刊《The Lancet Oncology》，并配发同期述评，受到同行高度评价。

综上所述，经过多年的发展，我国在疾病特别是肿瘤相关非编码 RNA

的作用机理和临床应用研究方面已经具备扎实的研究基础和相当的研究实力，部分研究团队的科研实力已可与欧美等国际同行相媲美。

第六节 非编码 RNA 与农学

一、研究背景

中国是人口大国，农业在保障我国的社会稳定和经济发展中具有基础性的地位。农业生产目前面临诸多方面的挑战：可利用耕地面积不断减少；作物品种的产量有待提高，品质良莠不齐；各种非生物胁迫（冷害、干旱、水涝、盐胁迫、营养胁迫），以及生物胁迫（植物病虫害侵害）导致产量下降；农业生产过度依赖农药与化肥，对人和环境的可持续发展埋下隐患。

改良作物本身的农艺性状是应对与解决农业生产所面临的问题的一个重要途径。利用分子育种或转基因等现代农业技术，可显著提高作物在增产、抗逆和抗病虫害等方面的能力。目前，在作物抗病、抗虫、抗逆、高产、优质、营养高效利用和高光效等有重要应用价值的基因资源较缺乏，对基因表达调控过程的机制研究也亟待深入。

近年来的研究表明，包括 miRNA 和 siRNA 在内的小 RNA 和 lncRNA 可以在转录和转录后水平调节基因表达，在植物的生长、发育、生物和非生物的逆境生理等方面起着非常重要的调控作用。植物非编码 RNA 的作用机制和生物学功能已经引起了国内外植物学家的广泛重视；非编码 RNA 对作物重要农艺性状形成和调控的机制也已成为作物遗传育种学家关心的热点和前沿。挖掘和克隆作物重要农艺性状相关的非编码 RNA，阐明它们在作物性状决定中所起的调控作用，可为高产高抗作物新品种的培育提供新的思路和手段。此外，外源小 RNA 介导的 RNAi 技术已成为人为调控基因表达的新手段，特别在提高作物的抗病和抗虫能力方面有着良好的应用前景。

在植物中，主要存在两类小 RNA：切割靶标 mRNA 和/或抑制翻译的 miRNA 和介导 DNA 甲基化的 heterochromatic siRNA（hc-siRNA）。植物 miRNA 是由 Pol II 转录产生的 primary miRNA（pri-miRNA），经 Dicer Like 1（DCL1）加工而成（Voinnet，2009）。miRNA 主要与 AGO1 结合，通过切割靶标 mRNA 和/或抑制翻译的方式在转录后水平调节基因表达（Fang and Qi，2016）。也有少部分的 miRNA（24 nt 的 lmiRNA）由 DCL3 加工产生并与 AGO4 结合，介导靶基因 DNA 的甲基化，在转录水平上调控基因表达（Wu et al., 2010）。植物 miRNA 是植物基因表达调控网络中一种非常重要的调控元件，可以调节众多在生长发育、响应生物或非生物逆境中起重要作用的基因（Jones-Rhoades et al., 2006）。已有研究表明，miRNA 可以参与调控农作物的重要农艺性状（Jiao et al., 2010；Zhang et al., 2013e）。除此之外，miRNA 在植物抗病反应中也可起到重要作用（Li et al., 2010c；Navarro et al., 2006；Wu et al., 2015）。

hc-siRNA 是植物中含量最丰富的一类 siRNA，主要来源于基因组上的转座子（transposons）和其他 DNA 重复序列，它们通过 RNA 介导的 DNA 甲基化（RNA-directed DNA methylation，RdDM）通路产生并介导同源序列的 DNA 甲基化。已有的研究表明，RdDM 通过调控基因表达和基因组的稳定性，在植物配子体和胚的发育及逆境适应性等方面有重要作用（Feng et al., 2010；Ito et al., 2011；Martin et al., 2009）。在植物 RdDM 途径中，hc-siRNA 的产生需要 DNA 依赖的 RNA 聚合酶 IV（DNA-dependent RNA Polymerase IV，Pol IV）、RNA 依赖的 RNA 聚合酶 2（RNA-dependent RNA polymerase 2，RDR2）和 DCL3（Haag et al., 2012；Herr et al., 2005；Xie et al., 2004）。hc-siRNA 可以与 AGO4 结合并通过 hc-siRNA 与 Pol V 产生的非编码 RNA 的碱基互补配对将包括 AGO4 在内的效应复合体招募到相应的基因组位置（Wierzbicki et al., 2008）。这个效应复合体可以通过直接或间接的方式将从头合成型 DNA 甲基化酶 DRM2 招募到该基因组位置催化 DNA 的甲基化（Li et al., 2006；Pontes et al., 2006；Wierzbicki et al., 2009）。最近的研究表明，RdDM 机制不仅存在于植物中，哺乳动物等其他真核生物中的小 RNA 也可以介导 DNA 甲基化，因此，小 RNA 介导 DNA 甲基化机制在很多真核生物中是保守的（Castel and Martienssen, 2013）。相比于其他真核生物中的研究，植物中已经建立的 RdDM 的研究体系具有不可比拟的优势。RdDM 可以参与作物性状的形成。例如，玉米中发现的不符合孟德尔遗传规律的副突变现象与 RdDM 紧密相关（Hollick, 2012）；而水稻中 RdDM 通路可以调节参与赤霉素和芸苔素平衡调控的基因，从而调节株高和旗叶与茎杆的夹角等重要农艺性状（Cao et al., 2014）。

除了 miRNA 和 hc-siRNA 这两类丰度最高的小 RNA 外，植物中还存在 trans-acting siRNA（ta-siRNA）、natural antisense transcript derived siRNA（nat-siRNA）、DNA double strand break（DSB）-induced sRNA（diRNA）等小 RNA，它们分别在植物发育、对逆境的响应及维持基因组的完整性中发挥作用（Fang and Qi, 2016）。RNAi 也是植物抵御病毒侵染的一种主要策略

(Ding and Voinnet, 2007; Seo et al., 2013)。

在植物中存在大量的 lncRNA (Ben Amor et al., 2009; Di et al., 2014; Li et al., 2014c; Liu et al., 2012b; Lu et al., 2012; Shuai et al., 2014; Wang et al., 2014e; Wen et al., 2007; Xin et al., 2011; Zhang et al., 2014d),但只有为数不多的 lncRNA 的生物学功能和作用机制被阐明。比如,拟南芥编码的 lncRNA IPS1 (inducde by phosphate starvation 1) 会受到磷饥饿的诱导高表达,通过与 miR399 互补配对来抑制 miR399 对其靶标基因的 PHO2 mRNA 的切割,从而调节植物对磷元素的摄取 (Franco-Zorrilla et al., 2007)。COOLAIR (cold induced long antisense intragenic RNA) 是一个来自 *FLC* (*Flowering Locus C*) 位点反义链的 lncRNA。在受到寒冷刺激后的 COOLAIR 上调表达,COOLAIR 可能是通过影响 *FLC* 基因位点的染色质修饰来调节 *FLC* 基因的表达 (Swiezewski et al., 2009)。另外, *FLC* 基因的第一个内含子还可产生另一个 lncRNA——COLDAIR (cold assisted intronic noncoding RNA)。在受到寒冷刺激后,COLDAIR 被上调表达,并与 PRC2 复合体相互作用,将 PRC2 复合体招募到 *FLC* 基因位点,进一步通过在 *FLC* 基因位点的组蛋白 H3 第 27 位的赖氨酸上添加三甲基化修饰来抑制 *FLC* 基因的表达 (Heo and Sung, 2011)。拟南芥中一个 lincRNA APOLO 的转录可以通过染色质环 (chromatin loop) 的方式调控其临近基因 *PID* 的表达 (Ariel et al., 2014)。Hidden Treasure 1 (*HID1*) 则通过形成核酸-蛋白质复合体调控 *PIF3* 的表达,从而调控幼苗的光形态建成 (Wang et al., 2014d)。在水稻中,一个 lncRNA LDMAR (long day specific male fertility associated RNA) 与长日照下花粉正常发育有关,当 *LDMAR* 的表达受到抑制的时候,在花药组织中的细胞编程性死亡就提前发生,导致长日照雄性不育的发生 (Ding et al., 2012)。Hai Zhou 等则发现该 lncRNA (被命名为 p/tms12-1, photo- or thermo-sensitive genic male sterility locus on chromosome 12) 可能通过加工产生一个小 RNA (osa-smR5864w),osa-smR5864w 上单核苷酸的突变会导致水稻的温敏不育或光敏不育 (Zhou et al., 2012)。另外,在玉米中发现,过表达一个类似信使 RNA 的 lncRNA *Zm*401 会导致玉米出现抽穗异常、花药退化、花粉活力下降、结实率低等一系列缺陷 (Dai et al., 2007)。植物中,大量的 lncRNA 的作用机制和生物学功能有待研究。

经过近 20 年的发展,RNAi 已成为人为改变基因表达的新手段,在改良作物的农艺性状尤其是增强抗病和抗虫性方面有着良好的应用前景。例如,在植物中表达棉铃虫 (*Helicoverpa armigera*) 基因的双链 RNA (dsRNA),

昆虫取食植物后靶基因表达降低，生长受到抑制（Mao et al.，2007）。这种植物介导的昆虫 RNAi 也适用于包括咀嚼式和刺吸式在内的多种昆虫（Baum et al.，2007；Pitino et al.，2011；Upadhyay et al.，2011）。另外，植物介导的 RNAi 在增强植物对真菌的抗性中也有潜在的应用价值，如在植物中表达小麦叶锈病（*Puccinia triticina*）致病基因的 dsRNA，可削弱病原菌对植物的侵染（Panwar et al.，2013）。此外，RNAi 信号还可以在宿主植物和寄生植物之间传播，因而可用来控制寄生植物的蔓延（Alakonya et al.，2012）。由于 RNAi 具有很高的特异性，在病虫害控制等方面有重要的潜在利用价值，是农业生物技术发展的一个新方向。

二、关键科学问题

目前植物小 RNA 的生物学功能和作用机制的研究主要集中在模式生物方面，对除水稻外的作物研究较少。植物 lncRNA 的研究则尚处于起步阶段，有大量重要的科学问题有待回答。关键科学问题包括以下几个方面。

（1）植物中小 RNA 的作用机制和功能。虽然已有的研究勾勒出了小 RNA 作用机制的轮廓，但一些重要的机制尚有待阐明，其中包括 RdDM 的机制以及它与组蛋白修饰和染色质结构变化之间相互作用的机制，miRNA 的转录和转录后的调控、加工、降解机制，以及新型小 RNA 如 diRNA 的产生和作用机制等。

（2）植物中 lncRNA 的作用机制和功能。植物中已发现大量的 lncRNA，但仅有少数几个 lncRNA 的作用机制和功能得到阐明。阐明植物中不同种类的 lncRNA 在基因表达调控和其他生物学过程中的作用及其机制将是植物学研究领域的关键科学问题之一。

（3）决定农作物复杂性状的非编码 RNA 的功能及其受生物和非生物等环境因素调控的分子机制。目前植物中非编码 RNA 的研究主要集中在拟南芥和水稻中，急需开展对主要农作物和重要经济作物中关键非编码 RNA 的发现和鉴定及其功能和作用机制的研究。

（4）非编码 RNA 信号在不同物种间传播的功能和机制。已有研究发现小 RNA 等非编码 RNA 可以在不同的物种间传递并参与调控物种间的互作过程，但其传播形式、传播过程、在不同物种中工作机制的差异等重要问题有待阐明。

（5）非编码 RNA 在作物育种中的应用基础研究。非编码 RNA 作为新的遗传资源，将如编码蛋白质的基因一样在作物的分子育种中有重要的应用价值，可为高产高抗作物新品种的培育提供新的思路和手段。

三、发展思路

围绕该领域的关键科学问题，充分发挥国内已从事相关研究的团队的专业特长，积极开展与其他研究领域（包括植物发育、抗逆、作物育种和植物保护等）专家的合作，建立一个资源共享和分工协作机制，增强植物 RNA 研究领域的综合研究力量，为主要农作物和重要经济作物育种提供理论基础和资源材料。

四、前沿方向及研究内容

1. 植物中小 RNA 的作用机制和功能

（1）植物 miRNA 的作用机制和功能。研究 MIRNA 基因的转录和转录后水平的调控；研究 MIRNA 基因如何感知不同的内源和外源信号；鉴定调控 MIRNA 基因表达的转录因子；研究表观遗传修饰（DNA 甲基化和组蛋白修饰）在 MIRNA 基因的转录调控中的作用；研究 pri-miRNA 的稳定性的调控；探索 pri-miRNA 是否有 RNA 修饰。研究 miRNA 的加工、降解和作用机制，开发高效的遗传筛选体系鉴定 miRNA 途径中的新组分；研究新组分在该途径中的位置，以及它与已知组分之间的相互作用关系。研究植物 miRNA 在植物生长发育、响应生物和非生物逆境中的功能。

（2）RdDM 的作用机制和功能。开发高效的遗传筛选体系鉴定 RdDM 途径中的新组分；研究新组分在该途径中的位置，以及它与已知组分之间的相互作用关系。揭示 RdDM 途径与其他染色质修饰途径的蛋白质之间的关系，这些染色质修饰途径的蛋白质包括：维持 DNA 甲基化的 DNA 甲基化酶、组蛋白修饰相关的酶和染色质重塑相关的蛋白质等。研究 RdDM 的发生与特定的染色质状态之间的内在联系。阐明 RdDM 的功能的分子机制；研究 RdDM 在植物生长发育及逆境适应性等方面的作用。研究 RdDM 途径在农作物和重要经济作物中的生物学功能；在重要作物中，对 RdDM 的研究还非常少，鉴于 RdDM 会导致一些重要性状的遗传偏离正常的遗传规律，这方面的研究将为发展品种改良方法提供新的科学依据。

（3）其他小 RNA 的作用机制和功能。研究 diRNA、ta-siRNA 和卡 miRNA 等小 RNA 的生成、作用机制和生物学功能。发掘新类型的小 RNA，研究其生成、作用机制和功能。

2. 植物中 lncRNA 的作用机制和功能

研究 lncRNA 在调控编码蛋白质的基因的表达和其他生物学过程中的作用及作用机制；鉴定 lncRNA 的互作蛋白质和靶标，研究 lncRNA 的转录过程或转录产物对靶标位点染色质结构和转录活性的影响并探索产生该影响的生化与分子机制；研究 lncRNA 对编码蛋白质的基因的调控网络，以及其对农作物组织发育、农艺性状和作物抗逆等方面的调控作用；研究 lncRNA 与 RBP 的互作及调控网络，对植物特有 RBP 进行系统功能性研究，鉴定对特异胁迫响应的 RBP 及其参与的细胞学过程。

3. 植物中非编码 RNA 的发现、分类与相关功能鉴定

对主要包括农作物和重要经济作物中各种非编码 RNA 进行系统鉴定与分类；研究非编码 RNA 在作物包括产量等重要农艺性状形成中的作用和它们在生物与非生物逆境胁迫下的功能。

4. 非编码 RNA 自然变异的鉴定和利用

利用日趋成熟的高通量测序技术，系统鉴定主要农作物和重要经济作物中的不同品种和品系中非编码 RNA 可能存在的自然变异；如果存在自然变异，探索这些变异是否有被育种所利用的可能性。

5. 不同种类非编码 RNA 之间的相互作用及功能

主要包括对作物中不同种类非编码 RNA，尤其是 lncRNA 与小 RNA 之间的互作研究；分析这种互作的调控机制、对下游效应基因表达的影响，以及对农作物整体性状的调节作用。

6. 非编码 RNA 信号在不同物种间传播的功能和机制

建立植物-植物、植物-昆虫和植物-病原物（包括真菌、细菌和病毒）互作的研究系统，研究非编码 RNA 在互作中的功能及其作用机制，研究其互作形式、互作过程及非编码 RNA 在不同物种中作用机制的差异等。探索非编码 RNA 在提高作物抗病和抗虫能力中应用的理论基础，探索如何提高 RNAi 的效率和降低其非特异性（脱靶）效应。

7. 非编码 RNA 在分子设计育种和转基因育种中的价值验证和评估

研究非编码 RNA 在分子育种中作为分子标记的应用，研究在重要农艺

性状形成中起调控作用的非编码 RNA 在育种中的实际应用价值。

五、发展目标

我们希望通过对植物 RNA 研究的持续资助，经过 5~10 年的发展，实现以下发展目标：①在植物非编码 RNA 的机理研究方面，取得 5~10 项突破性的研究进展；②获得若干个在重要农艺性状形成方面起到重要作用的非编码 RNA；③在非编码 RNA 改良重要作物农艺性状的应用方面有突破；④保持和增强我国植物非编码 RNA 的研究水平和实力，扩大 RNA 研究规模，形成一支有各自研究特色、专业特长互补和密切协作的研究团队。

六、我们的优势

我国在植物非编码 RNA 的机理和应用方面的研究起步较早，总体研究水平与美国等发达国家差距不明显；尤其是近年来在我国植物研究长足进步的总背景下，植物非编码 RNA 的研究也得到了蓬勃发展，出现了一批从事植物非编码 RNA 研究的优秀团队。这些团队在模式植物非编码 RNA 的机理和应用研究上取得了一系列的重要突破性进展，在某些研究方向上处于国际领先水平，为我国植物非编码 RNA 研究的进一步发展打下了扎实的基础。

1. 植物小 RNA 的作用机制和功能方面获突破性进展

我国在植物小 RNA 的机理研究方面已经形成了较强的研究队伍，其中包括中国科学院遗传与发育生物学研究所曹晓风实验室、中国科学院上海生命科学研究院植物生理与生态研究所王佳伟实验室、北京生命科学研究所何新建实验室和清华大学戚益军实验室等。这些实验室在近十年来取得了一系列重要的研究成果，在《Cell》等高水平国际刊物发表了大量的学术论文（Dou et al., 2013; Fang et al., 2015a; Liu et al., 2007; Liu et al., 2005b; Liu et al., 2014b; Mi et al., 2008; Song et al., 2012c; Song et al., 2012d; Wang et al., 2013b; Wei et al., 2014; Wei et al., 2012; Wu et al., 2010; Ye et al., 2016; Ye et al., 2012; Zhang et al., 2012b; Zhang et al., 2013a)，在国际上已形成较大的学术影响力。其中，清华大学戚益军实验室揭示了植物小 RNA 进入植物 AGO 蛋白的分拣机制，该成果于 2008 年发表于《Cell》(Mi et al., 2008)，该论文已被 SCI 他引 431 次；该实验室还发现了一类参与 DNA 损伤修复的新型小 RNA（diRNA）。diRNA 的发现揭示了小 RNA 的一种新功能，开辟了 DNA 损伤修复研究的一个新方向，该发现在

《Cell》发表（Wei et al.，2012），被多个《Nature》子刊作为研究亮点评价，并被《Cell》评为 2012 年度最佳论文之一。我国在 RNAi 抗植物病毒的机理研究方面也处于国际前列，浙江大学周雪平、北京大学李毅和中国科学院微生物研究所方荣祥、郭惠珊等实验室取得重要的研究成果进展（Du et al.，2011；Duan and Guo，2012；Fang et al.，2015b；Gu et al.，2014；Hamera et al.，2012；Jiang et al.，2012b；Li et al.，2014a；Li et al.，2015b；Wang et al.，2016a；Wang et al.，2014c；Yang et al.，2011c；Ying et al.，2010；Zahid et al.，2015）。其中，李毅实验室最近发现水稻中 AGO18 竞争性结合 miR-168，从而上调 AGO1 的表达而增强植物的抗病性，揭示了植物中 miRNA 参与植物抗病的一种重要的新机制（Wu et al.，2015）。中国科学院上海生命科学研究院植物生理与生态研究所王佳伟实验室在植物 miRNA 的生物学功能取得多项研究成果（Gou et al.，2011；Rubio-Somoza et al.，2014；Yu et al.，2013；Yu et al.，2012；Zhou et al.，2015a），特别是该实验室发现 miR-156 可通过年龄途径参与多年生植物开花时间的调控（Zhou et al.，2013）。

2. 高通量测序技术和生物信息学平台有效整合非编码 RNA 研究数据

随着第二代测序技术的发展和应用，一些重要农作物（如玉米、小麦、大麦和棉花）的基因组数据陆续公布。这些基因组数据为深入挖掘农作物的非编码 RNA 提供了可能。通过生物信息学结合分子生物学，比较分析农作物不同品种之间的自然变异和表达差异可以鉴定一批具有潜在农业价值的非编码 RNA。例如，中山大学陈月琴实验室对水稻不同发育时期的不同器官进行全转录组 RNA 分析，结合已有的水稻 RNA 测序数据，发现水稻的 lncRNA 具有极高的时空特异性表达，并提供了水稻 lncRNA 插入突变库的相关资源（Zhang et al.，2014d）。该论文是《Genome Biology》的高点击论文，论文图片被用作该期杂志封面。

3. 非编码 RNA 调控作物农艺性状研究具备良好的研究基础和实验平台

在非编码 RNA 的功能和应用研究方面，中国科学院上海生命科学研究院植物生理与生态研究所陈晓亚实验室发现在植物中表达棉铃虫基因的双链 RNA（dsRNA）可抑制棉铃虫生长（Mao et al.，2007）。中国科学院遗传与发育生物学研究所李家洋实验室发现 miR-156 介导的 *SPL14* 的表达水平可以调控水稻的穗的分支数目、穗粒数及水稻的千粒重，从而影响产量；同时也能改变水稻的分蘖数目和有效分蘖率,影响水稻理想株型的建成(Jiao et al.,2010)。中山大学陈月琴实验室发现 miR397 通过影响 BR 信号通路促进水稻的穗分枝并使水稻的籽粒增大,从而提高产量(Zhang et al., 2013e),研究论文在该期杂志封面上被编辑推荐,被《Nature China》网站以亮点文章推荐,并被 F1000 收录和点评,说明了 miRNA 之类的众多调控元件也可作为分子遗传资源被用到植物的增产研究和实践中。中国水稻研究所钱钱实验室、中国科学院遗传与发育生物学研究所储成才、李云海实验室及武汉大学李绍清实验室发现阻断水稻 miR396 介导的 GRF4/6 调控,可增大籽粒大小、增加穗枝梗数,从而提高产量(Che et al.,2015;Duan et al., 2015;Gao et al.,2015;Hu et al.,2015a)。中国科学院遗传与发育生物学研究所曹晓风实验室发现水稻中 MITE 转座子来源的 24nt hc-siRNA 可以调节临近基因的表达,包括参与赤霉素和油菜素内酯平衡调控的基因,从而调节株高和旗叶与茎杆的夹角等重要农艺性状(Wei et al.,2014),从全基因组水平上验证了 McClintock 关于转座子为调控元件的理论,该论文被《Nature China》网站和中国科学院所刊以亮点文章推荐报道。华中农业大学张启发实验室、华南农业大学庄楚雄和刘耀光实验室发现一个 siRNA/lncRNA 可调控水稻的光敏雄性不育(Ding et al.,2012;Zhou et al.,2012)。这些使得我国在非编码 RNA 调控作物农艺性状研究领域占据领先优势。

总的来说,我国在植物非编码 RNA 的机理和应用研究方面经过多年的发展,已经积累了扎实的研究基础和相当的研究实力。研究团队之间专长互补,可产生协同效应。另外值得一提的是,我国的植物研究总体已处于国际先进水平,植物 RNA 的研究可从其他植物研究领域汲取研究技术和理论知识上的营养。

第七节 非编码 RNA 研究中的新方法和新技术

一、概述

任何一个领域的突破性进展都离不开相关技术和方法的创新,这在诺贝尔奖项中得到充分体现,如利用限制性内切酶剪切 DNA(1978 年诺贝尔生理学或医学奖)使我们可以方便地对遗传物质进行人工操作,开创了遗传工程的研究;聚合酶链式反应技术(1993 年诺贝尔化学奖)实现了对极微量的特异核酸序列的扩增,一经问世就被广泛地应用于分子生物学的各个领域;

单克隆抗体技术（1984年诺贝尔生理学或医学奖）从根本上解决了在抗体制备中长期存在的可重复性和特异性问题，不但使蛋白质研究产生了飞跃，也为人类疾病的诊断和治疗开辟了广阔前景；最后，绿色荧光蛋白的发现和改造（2008年诺贝尔化学奖）实现了活体实时观察生物大分子活动，对现代生物学的影响几可媲美显微镜的发明。总之，这些以DNA、蛋白质和细胞为核心的技术是相关领域能够飞速发展的最重要的因素之一。所以，为了使非编码RNA这个新兴领域高速发展，我们需要开发围绕RNA的新技术新体系。

1. 非编码RNA与蛋白质互作的研究已经从相关领域借鉴了大量技术

体外转录的RNA链的二级结构经常体内RNA分子的不一致，所以在试管里进行的生化分析通常不适宜研究RNA。不过对体内蛋白质互作的分析策略可以在一定程度上研究RNA蛋白质复合物。例如，根据蛋白质研究常用的共价交联和免疫共沉淀原理开发出了RNA免疫沉淀（RIP）来鉴定与特异的蛋白质相互作用的RNA（Buckanovich and Darnell, 1997）。与广谱性的甲醛交联剂相比，UV照射特异地交联RNA碱基与蛋白质侧链，而不产生蛋白质之间的交联。再加上容易进入透明细胞，紫外交联免疫共沉淀（CLIP）技术成为鉴定蛋白质RNA相互作用的主要方法（Ule et al., 2003）。与蛋白质发生共价交联的碱基一般不能被逆转录酶用作底物，使得cDNA常常在紧邻交联碱基的位置提前终止。iCLIP（individual nucleotide resolution CLIP）就是利用这一性质在几个碱基的精度鉴定RNA与蛋白质相互作用的位点（Konig et al., 2011; Sugimoto et al., 2012）。UV照射的一个缺点是交联效率低。为此，光激活核苷增强型CLIP（Photo Activatable Ribonucleoside-enchanced CLIP, PAR-CLIP）被开发出来（Hafner et al., 2010）。可被光激活的核苷类似物，如4-硫尿嘧啶（4-SU）和6-硫鸟嘌呤（6-SG），可以被细胞内的核苷酸代谢途径生成核苷酸，并被RNA聚合酶识别掺入新合成的RNA。在UV照射下，它们的碱基会被激活，高效地与蛋白质侧链发生交联。核苷酸类似物可以在特定时间或条件下加入细胞培养体系，因而PAR-CLIP的另一个优势是研究RNA蛋白质相互作用的动态变化。虽然CLIP与RIP相比具有很高的效率，但不同碱基与蛋白质发生UV交联的效率不同，例如，iCLIP中的U和PAR-CLIP中的可被光激活的核苷类似物，使得检测到的与蛋白质发生相互作用的碱基具有显著的倾向性，妨碍了研究者总结出RNA与特异蛋白结合的motif（Sugimoto et al., 2012）。

lncRNA与染色质重构复合物的相互作用是表观遗传学的重要部分。现在已经发现大量 lncRNA 与特异的染色质修饰蛋白相互作用，表明 lncRNA 很可能在特异的基因组区调控染色质状态。虽然一些 lncRNA 通过顺式作用调控 lncRNA 转录区临近基因的表达，还有很多 lncRNA 通过反式作用调控不同位置基因的表达。因此，在全基因组范围内鉴定 lncRNA 直接或间接结合的染色质区对全面地认识表观遗传和转录调控具有重要意义。在表观遗传和转录调控研究中，研究人员一般是通过染色质免疫沉淀测序鉴定一个转录因子蛋白或某种特异组蛋白修饰在基因组上的分布。根据相同策略，通过 RNA 纯化分离染色质（CHIRP）的方法被开发出来（Chu et al.，2015；Simon et al.，2011）。在 CHIRP 实验中，非特异地将所有 lncRNA 和与其相互作用的染色质片段交联起来。染色质免疫沉淀测序实验的一个核心步骤是，用目的蛋白的抗体来纯化目的蛋白及其相互作用的染色体片段。lncRNA 难以获得抗体，但很容易通过 lncRNA 序列设计特异互补寡核苷酸序列，通过这些互补序列探针特异地纯化出目的 lncRNA 及其交联的染色质片段。通过对分离出的染色质片段进行高通量测序就可以鉴定出目的 lncRNA 在基因组的分布。

2. 自然界中的 RNA，很多都发生了转录后修饰，但要实现非编码 RNA 中转录后修饰的全转录组测序是很大的挑战

目前已经发现 107 种 RNA 修饰（http：//mods.rna.albany.edu/）。一部分转录后修饰已经被发现在 RNA 的结构、功能及代谢等方面都有重要的作用。然而，对于大多数转录后修饰的产生、分布和功能等，目前知之甚少。非编码 RNA（尤其是 lncRNA）的含量通常较低。更具挑战的是，大多数 RNA 转录后修饰在第二代测序中无法与没有修饰的正常 RNA 碱基进行区分，因此，无法使用高通量测序技术直接对非编码 RNA 中的转录后修饰进行检测（Song et al.，2012a）。例如，RNA 中最主要的甲基化修饰 m^6A，在逆转录过程中与 dT 正常配对，因此传统测序无法区分腺嘌呤与 6-甲基腺嘌呤。幸运的是，m^6A 的特异性抗体被开发出来，从而能够在高通量测序之前对含有 m^6A 的 RNA 进行富集，实现 m^6A 在转录组中的测定（MeRIP-Seq）（Dominissini et al.，2012；Meyer et al.，2012）。动物和植物的 MeRIP-Seq 实验发现超过 20% 的基因存在 m^6A 修饰，而且一定比例的 m^6A 修饰存在显著组织特异性和/或具有种间保守性。MeRIP-Seq 实验也检测到 m^6A 修饰在 mRNA 的 3'非翻译区富集，然而该方法无法实现单碱基分辨率的测序。同时由于抗体的使用，也无法对 m^6A 修饰在转录组中具体位点的修饰水平进行定量检测。另一种思路是，利用化学生物学/生物物理化学等方法，对非编码

RNA 中的转录后修饰进行特异性"标记",从而将转录后修饰与正常碱基进行区分。例如,DNA 和 RNA 上都存在 5-甲基胞嘧啶(m^5C)化学修饰,但这个修饰不妨碍 m^5C 与 G 配对。然而,5-甲基胞嘧啶和胞嘧啶对亚硫酸盐的敏感度不同。在中性或酸性条件下,胞嘧啶比 5-甲基胞嘧啶更容易与亚硫酸根反应,脱氨转换成尿嘧啶。DNA 的 m^5C 修饰研究首先利用了这一化学性质比较亚硫酸盐处理后序列。没发生胞嘧啶到尿嘧啶转换的位置则是 m^5C。近几年,这种亚硫酸盐测序法也应用到 RNA 研究上,实现了 m^5C 与胞嘧啶的区分,从而实现了全转录组水平上 m^5C 的测定(Squires et al., 2012)。研究表明,m^5C 广泛地存在于古细菌、真细菌和真核生物中。除了 tRNA 和 rRNA,很多 mRNA 和 ncRNA 也有 m^5C 修饰。在 mRNA 上,m^5C 修饰富集在非转录区和 Argonaute 结合区,提示这一修饰在转录后调控中起广泛的作用。最后,以 PacBio 为代表的第三代测序技术的对象为单分子长片段,不但可以高通量地鉴定可变剪切,也可以一定程度区分被不同共价修饰的碱基。然而,目前已经发现的 RNA 修饰有一百多种,因此亟待发展新的方法和技术,对于更多的 RNA 修饰进行组学水平上的检测。

3. 了解 RNA 分子在活细胞内的表达、转运和定位,以及它们与疾病发生发展的关系,至今仍然是一项挑战

与研究蛋白质一样,通过构建 RNA 的时空表达模式与某些生物学过程的关联是研究 RNA 功能的最重要途径之一。除了高通量测序,通过荧光标记观察 RNA 在活细胞的动态过程对于认识 RNA 分子的细胞生物学功能具有非常重要的意义。目前单分子标记 RNA 的主要手段是 MS2-GFP 系统(Fusco et al., 2003)。在该系统中,单个 RNA 可被人工编辑与 *MS2* 结合位点的串联重复序列(24x)结合,它可以被多个 MS2-GFP 分子标记。由于在每个 RNA 转录物中结合多个 *MS2* 位点,会造成 GFP 的局部高浓度现象,形成直径大于 250 纳米能代表单个 RNA 的大光点。虽然,许多研究已使用 MS2-GFP 标记系统实现单颗粒视踪 RNA,发现了之前未被发现的 RNA 时空调控信息。但是由于 MS2 基因必须与目的基因组融合,MS2-GFP 只能被用于标记人工 RNA 转录物,无法用来标记细胞自身的 RNA,因而对促进了解 RNA 的功能有限。因此,新的荧光探针及荧光成像等方法对探索细胞内源的 RNA(如非编码 RNA)的功能机制及其与疾病发生的相关性将具有重大的理论及应用价值。

然而,目前针对细胞内源 RNA 的标记及其成像缺乏可靠、有效的方法。分子信标(Molecular Beacon,MB)是其中一个代表(Tyagi and Kramer,

1996)。MB是一种由大约28个核苷酸组成的寡核苷酸探针，两端分别连接一个报告荧光团和一个淬灭基团。在不与目标序列杂交时，位于MB两端的核酸序列（约5nt）能自身互补配对形成茎环结构，使MB一端的报告荧光团靠近另一端的淬灭基团，导致荧光淬灭效应，致使MB处于低荧光状态；当目标序列（约18nt）与MB环序列互补时，MB的茎结构解离，导致报告荧光团和淬灭基团分离，使MB转换到高荧光状态。尽管分子信标得到了广泛的应用，但是研究显示当分子信标被引入活细胞后，它们会迅速地向细胞核聚集，由于核酸酶的降解、蛋白质与探针的非特异性作用而产生假阳性信号，影响了目标RNA的检测（Chen et al.，2007；Li et al.，2000）。研究显示，通过连接大分子将MB限制在细胞质中或是通过化学修饰增加分子信标的生物稳定性，皆可有效避免但无法完全消除假阳性信号，从而提高RNA的检测灵敏度（Chen et al.，2007，2008a）。最新的研究表明，当多个（96个）优化的分子探针靶向同一个RNA时（每个探针靶向该RNA的不同区域）可引起荧光的局部高浓度现象，形成代表单个RNA的大光点（亮点直径大于250纳米）（Vargas et al.，2005；Zhang et al.，2013c），用该方法可以单颗粒视踪RNA的转运和定位。但是，使用多个分子探针靶向同一个RNA不可避免地增加了成本，被标记的RNA的正常生理功能也可能受到影响。综上所述，我们需要能够更灵敏检测单个RNA的荧光定位新方法，从而达到对非编码RNA功能的深入研究的目的。

4. 目前对RNA及其RNP复合体的结构研究技术主要以X射线晶体学为主

通过在重组表达系统中过表达RNA或RNP复合体或者利用体外转录系统获得大量目标RNA，并进行分离纯化，摸索结晶条件，获得在X射线下高分辨率衍射的三维晶体，从而进行原子分辨率结构解析（Ke and Doudna，2004）。很多重要的RNA包括tRNA、核酶、核糖体开关，以及RNP包括核糖体、cascade复合体等都通过X射线晶体学得到高分辨率结构解析（Lippa et al.，2012）。晶体学的研究需要大量样品，从体内纯化的RNA蛋白质复合物一般不能满足这一要求。通过体外表达获得重组蛋白和RNA链，体外组装RNA蛋白质复合物仍然是一大挑战。蛋白质-蛋白质复合物核磁研究的策略也被应用在RNA-蛋白质复合物的研究上，即将复合物中的不同亚基分别进行同位素标记，然后重新组装成不同组合的样品（RNA标记/蛋白质非标，RNA非标/蛋白质标记），分别进行核磁结构解析，然后再通过界面NOE约束来获得复合物结构（Dominguez et al.，2011）。由于RNA在复合物状态下会出现较明显的谱线增宽现象，限制目前研究的复合物体系大小基本在 30 kDa 以下。然而由于前述 RNA 标记技术的发展，以及蛋白质标记技术的发展，该分子量限制有望突破。进入 21 世纪以来蓬勃兴起的冷冻电子显微学技术正在成为 RNA 及 RNP 结构研究的有力技术手段。该技术通过将生物大分子溶液快速冷冻于液氮温度下，并在此温度下使用透射电子显微镜中对冷冻样品进行观察，获得放大的单个生物大分子的图像（单颗粒技术），通过计算机图像处理、统计分析等手段解析生物大分子结构（Grimes et al.，1999）。与 X 射线晶体学及 NMR 技术相比，冷冻电子显微学技术的一个很大的优势是样品用量大大减少，可以对较低浓度的 RNA 或 RNP 分子结构进行研究。冷冻电子显微学的制样条件更接近生理状况，因此结构更反映真实的生物学过程。该技术的另一个优势是非常适合对分子量很大的 RNA 分子及复合体（200kDa 以上）进行结构解析。冷冻电子显微学单颗粒技术不但能揭示生物大分子的结构，还可以通过统计分析等手段将多种共存的分子构象状态进行分类，从而揭示生物大分子的构象变化及热力学动力学分布。这些技术特点均非常适合对多种 RNA 尤其是最近几年发现的 lncRNA 及其与相关蛋白质形成的复合体结构进行研究。在过去的几年里，冷冻电子显微学技术在硬件设备及软件算法等方面均发生了长足的进展，导致该技术的革命性技术突破，可以获得近原子分辨率的分子结构（Liao et al.，2013）。因为 RNA 分子的电荷性质复杂，实现其晶体化技术难度很高，往往要通过若干分子改造来实现，而这又往往导致分子偏离其生理状态。冷冻电子显微学的最新技术突破为直接解析非结晶状态的 RNA 及 RNP 高分辨率结构提供了重要的契机。目前对多种核糖体及其不同装配或翻译状态的结构研究已经以冷冻电子显微学技术为主（Ramakrishnan，2014）。对剪切体不同状态的结构研究一直是以冷冻电子显微学技术为主要研究手段（Stark and Luhrmann，2006），最近的技术突破将为该复合体的高分辨率结构解析带来希望。随着更多非编码 RNA 的发现及其相关 RNP 的鉴定，将 RNA 生物化学、生物物理学手段与冷冻电子显微学技术相结合，将深入地揭示非编码 RNA 发挥功能的分子机制。

另外，高通量测序与各种分子生化技术相结合也可用来鉴定非编码 RNA 的结构。与蛋白质发生交联的碱基可以阻断逆转录过程。利用这一生物化学特点，上述 iCLIP 技术能够用来检测 RNA 分子与蛋白质相互作用的位点，达到接近单碱基的精度。类似地，具备阻断逆转录过程能力的结构特异性的化学修饰同样也可以用来探测 RNA 结构。在对 RNA 进行修饰后，再加入逆转录酶，然后通过凝胶电泳或毛细管测序得到逆转录停止的位点，即修饰位点。有些 RNA 修饰是结构特异的，研究人员可以据此推断修饰位点的结构特性。还有，核糖核酸酶 V1 和 S1 是两个 RNA 水解酶，它们的切割位点分别处于 RNA 分子的双链和单链区。而且除了和单双链结构相关外，这些位点没有别的差异性。因此，研究人员可以通过使用 V1 和 S1 分别大量切割 RNA 分子，然后用高通量深度测序得到片段端点，也就是切割位点的二级结构信息（Kertesz et al.，2010）。斯坦福大学 Howard Chang 实验室从一个人类家庭的三个成员（父亲、母亲和孩子）各自的淋巴母细胞（B lymphocytes）中分别分离提纯了 RNA，并应用 PARS（Parallel Analysis of RNA Structure）技术测定其结构图谱。实验数据和计算分析第一次揭示了人类转录组的 6524 个 RNA 的二级结构信息（Wan et al.，2014）。结果表明，即使在没有任何其他细胞成分的环境中，大多数的 RNA 分子仍具有形成稳定二级结构的能力。该实验还发现许多和 RNA 分子已知功能位点（包括翻译、剪接及 miRNA 靶向等最基本细胞机制）相关的特定结构。更重要的是，通过比较这个家庭内部基因型不同的单核苷酸变化（SNV）位点，他们发现了人类基因组中存在大量能够显著改变 RNA 结构的 SNV。由于这些 SNV 中的相当部分已知和人类疾病相关联，这些研究事实上点出了基因变化通过改变 RNA 结构从而导致疾病的新机制。这一代技术主要的限制是需要提取 RNA 并体外折叠，因此只能得到体外 RNA 结构信息。第二代技术的发展使用了一类化学小分子修饰。有一些小分子可以结构特异性地修饰 RNA 分子，并留下印记。这些印记通常会影响逆转录过程，比如阻断或者导致变异，因此同样也可以用来结合测序方法探测 RNA 结构。在对 RNA 进行修饰后，再加入逆转录酶，然后通过测序得到逆转录停止或者变异的位点，即修饰位点的前一位。这些修饰位点即对应 RNA 结构的单链区。这类技术中的一大类使用小分子修饰 RNA 糖环上 2'位羟基，称为 SHAPE（Selective 2'-Hydroxyl Acylation analyzed by Primer Extension）方法。斯坦福大学 Howard Chang 实验室发展了这类技术，使用一个新合成的、具有细胞渗透性、能特异性修饰未配对 RNA 单链区核苷酸的小分子 NAI-N3。该分子具有一个附加的叠氮化侧链，修改后的 RNA 分子可以通过化学反应连接一个手柄并进行纯化，从而可以极大地减少测序背景，提高结构探测的准确性，因此可以用于细胞内全转录组 RNA 结构探测。新方法被命名为 icSHAPE（in vivo Click SHAPE）（Spitale et al.，2015）。研究者将其同时应用于测定小鼠胚胎干细胞内或者在体内转录组和胞外纯化折叠的 RNA 结构图谱的研究，从全转录组的水平研究 RNA 结构在 RNA 修饰、剪切、结合蛋白和 miRNA，以及翻译过程中的作用，发现了大量RNA结构和功能的关系。比如，研究发现翻译相关结构通常由序列编码决定，而甲基化修饰和大量蛋白质结合位点的相关结构则倾向于接受胞内调控。第二代技术在细胞内检测RNA的二级结构，并且由于使用小分子，有更高的覆盖度。但是这两代技术探测得到的信息只是给出了RNA单双链的倾向性，需要发展计算或者新的实验技术来获得包含碱基配对具体信息的完整二级结构模型。

5. 针对某一类生物现象的研究常常需要合适的研究系统或模式生物

例如，早期代谢的生化研究主要是借助于代谢旺盛的动物肝脏，而耐高温的DNA聚合酶则要在嗜热菌中寻找。在非编码RNA的研究历史中，有两个重大的基础研究突破都是在原生动物四膜虫（tetrahymena）中实现的。与其他纤毛类原生动物一样，四膜虫含两个结构和功能不同的细胞核：体细胞多倍体大核和生殖型二倍体小核（Prescott，1994）。大核由小核发育而来，包括染色体片段化、重组、部分消除，以及合子基因组的内部复制（endoduplication）等过程。其结果是大核含有大量染色体，因而其端粒的数量和端粒酶的活性远高于其他生物。另外一个结果就是一个四膜虫大核中含有约10 000个相同拷贝的rDNA分子（Cech，1989）。前一个特点催生了端粒、端粒酶及其RNA的发现（2009年诺贝尔生理学或医学奖）；后一个则使研究人员发现了26S rRNA的自我拼接，即核酶（1989年诺贝尔化学奖）。这些突破性的进展使研究人员认识到非编码RNA可以是基本生物过程的执行者，它们不但是酶的重要组成部分，而且RNA本身就可以具有催化活性。

6. 生物研究的很多重大技术突破是基于某个生物大分子的特殊生化或分子生物学性质

包括上文所提的限制性内切酶对特异序列的内切酶活性、taq DNA聚合酶的耐热活性和GFP的自发荧光。与蛋白质相比，同为生物大分子的非编码RNA也参与几乎所有的分子生物学活动，而且种类和结构更加丰富多样。所以非编码RNA很可能是一类新的生物资源来帮助我们开发基础研究和应用科学的新技术新体系。例如，crRNA是细菌获得性免疫的一个核心部件（Westra et al.，2012）。crRNA与内切酶Cas9形成RNA复合物。通过识别与crRNA互补的DNA序列，crRNA/Cas9复合物会在特异位置将DNA分子切断。这种RNA介导的DNA识别和切割反应被用来开发极有用的基因组编辑工具。crRNA/Cas9的RNA部分被改造成操作方便的sgRNA。sgRNA有两个核心部分：5'端的20个碱基通过碱基配对识别目的DNA序列；3'端的双链结构与 Cas9 结合。这样，CRISPR-Cas9 系统仅仅通过操作 sgRNA 5'端的 20 个碱基就可以在体内对特异 DNA 序列进行切割。利用这一系统的基因敲除（knockout）和敲入（knockin）已经广泛使用，使得基因组编辑不再是分子遗传学研究的限速步骤。因此，CRISPR-Cas9 系统被誉为自二代测序技术以来最具革命性的技术进步（Boettcher and McManus, 2015）。最近，以 CRISPR-Cas9 为基础的新技术不断被开发出来：将 Cas9 的内切酶活性位点突变后融合转录激活域或抑制域可以特异地调控附近基因的表达（Chavez et al., 2015）；而融合 GFP 则可视化了活细胞的染色体位点（Chen and Huang, 2014）。2016 年，来自加州大学圣迭戈分校的 Gene Yao 实验室还成功将该技术应用到活体细胞中 RNA 的示踪上，并命名为 RCas9（Nelles et al., 2016）。除了改造生物编码的 RNA，人工设计合成的核酸也可以应用在生物研究上，如寡核苷酸适体（aptamer）就开发为像抗体一样的结合特异靶标的分子配体（Ku et al., 2015）。aptamer 一般是几十碱基的单链核酸。它们能自发地折叠成三维结构，与靶分子特异地高亲和力结合。与抗体相比，aptamer 对 pH、温度和修饰更加耐受；aptamer 可以大批量化学合成，经济可靠；aptamer 的选择过程是单纯的化学反应，对靶分子没有抗原性和毒性的要求；aptamer 比抗体蛋白小，容易进出目的组织。

总之，作为一个快速发展的研究领域，非编码 RNA 的突破性进展都离不开相关技术和方法的创新。因此发展 RNA 检测与标记，包括 RNA 芯片检测、高通量测序、RNA-RNA/蛋白质交联及高灵敏度成像等新方法与新技术，对实现 RNA 原位、实时、动态的标记，用于研究非编码 RNA 的表达、与蛋白质及核酸的相互作用、转运及定位机制，高效、准确地获取 RNA/蛋白质双色作用网络的信息，实现非编码 RNA 的功能解析等具有重要的科学意义与战略价值。这将极大地提升我国非编码 RNA 基础研究的国际地位，同时也为我们全面理解非编码 RNA 所扮演的生物学角色，以及基于非编码 RNA 的疾病治疗诊断提供丰富的技术手段。

二、关键科学问题

非编码 RNA 领域是以技术创新为驱动的高速发展的现代生物学前沿。为满足非编码 RNA 研究高速发展的需求，我们需要建立以非编码 RNA 为核心的新方法、新体系，以解决我们系统深入认识 RNA 世界的最主要的限速步骤。我们预计未来 10 年内亟待解决的非编码 RNA 技术问题包括以下几个方面。

1. 高通量精确解析非编码 RNA 及其各种共价修饰的时空分布和调控机制的技术和研究体系

非编码基因的数量庞大而且通常有复杂的共价修饰。它们的时空分布和调控机制是研究细胞多样性、可塑性及其病变的重要方面，很可能将是精准医疗的主要检测目标。但非编码基因丰度低且序列特征复杂，给高通量精确检测带来极大挑战。

2. 研究非编码 RNA 功能的生物物理和生物化学机制的技术

非编码 RNA 不但基因数量多，而且可以形成的结构远多于蛋白质。与这一事实相反的是，目前结构已解析的 RNA 及其复合物的数目与蛋白质相比是 1：30。这种不平衡的主要原因是 RNA 结构解析方法的滞后。还有，RNA 在体内以 RNA 蛋白质复合物的形式存在，但目前还很缺乏以 RNA 为核心研究 RNA 蛋白质复合物的方法。

3. 可视化 RNA 分子探针技术

非编码 RNA 很可能广泛分布在细胞内的各个部位，并与不同的生物大分子相互作用执行复杂的生物功能，而且它们高度动态地表达、转运和定位。因此，对非编码 RNA 的功能和调控的深入认识迫切地需要对细胞内源的非编码 RNA 单分子进行标记的手段。

4. 非编码 RNA 的应用

非编码 RNA 参与几乎所有的分子生物学活动，而且种类和结构丰富多样。所以非编码 RNA 很可能是一类新的生物资源来帮助我们开发基础研究和应用科学的新技术、新体系。

三、发展思路

相关领域如蛋白、DNA、化学生物学、基因组学和生物影像等学科的最新成果为开发针对 RNA 的新技术新体系提供了大量的知识和技术储备。但是针对非编码 RNA 的研究目前还是主要集中在发现非编码基因和鉴定其生物学功能。但新技术、新体系的开发刚刚起步，还处在大量借鉴 DNA 和蛋白质的研究方法上。就这一点而言，国际国内的差距不大。而我国在生物物理化学、化学生物学、基因组和功能基因组学各领域都已经具有一定基础，在某些方面甚至具有优势。所以我国应该抓住这个战略机遇，谋求在非编码 RNA 这个新兴领域的起始阶段取得创新性成果，争取领先优势。为此，我们需要大力促进学科交叉，培育多方面人才研究和应用非编码 RNA。

四、前沿方向及研究内容

该领域的前沿方向包括：

（1）开发新的功能基因组技术和研究体系，解析非编码 RNA 及其各种共价修饰的功能和调控机制；

（2）开发以非编码 RNA 为中心的生物化学生物物理技术，研究非编码 RNA 的结构和与其他生物大分子相互作用的机制；

（3）开发可视化活细胞 RNA 分子探针的技术，探索非编码 RNA 表达、转运及定位与正常生理和疾病发生发展的关系；

（4）利用非编码 RNA 的性质和功能，建立促进基础和应用研究的新技术。

围绕上述亟待发展的前沿方向，着重推动以下几方面内容的研究。

1. 高通量准确鉴定非编码 RNA 时空表达及其调控机制的技术

目前发掘基因组内编码蛋白质的基因的遗传学、基因组学和功能基因组学手段比较成熟。但利用这些技术手段来识别检测非编码 RNA 存在很多困难和局限，主要因为：①基因组转录非编码 RNA 的区域远多于编码蛋白质的基因，而每种非编码 RNA 在细胞内的丰度通常远低于 mRNA；②大量的非编码 RNA 转录本很短，而且还没有找到类似 mRNA 的 3' poly（A）和 5' 帽子那样的标志性修饰。在这种情况下，即使增加测序深度，以鉴定编码蛋白质的基因为核心的各种手段难以系统有效地定量非编码 RNA 并区分有功能的非编码 RNA 和背景噪音。

2. 定点、定量检测和鉴定非编码 RNA 转录后加工、修饰、功能和识别蛋白的方法

rRNA 和 tRNA 等传统的非编码 RNA 和 mRNA 存在大量的转录后加工和共价修饰用以调控其结构、活性、定位或降解。但目前对绝大部分非编码 RNA 的转录后修饰缺乏理解，一个重要原因是非编码 RNA 在细胞内的丰度很低，传统的技术难以检测低丰度分子的各种修饰。因此，我们需要开发能

系统有效地检测非编码RNA转录后加工修饰及其功能的技术。

3. 鉴定与解析非编码RNA与生物大分子相互作用的技术

细胞内不存在裸露的RNA,所有的RNA转录本都在特定的时空条件下与特定的蛋白质形成复合体,以行使其生物学功能。另外,一些非编码RNA可以通过与染色质相互作用直接调控基因的转录;而以miRNA为代表的非编码RNA则通过与mRNA相互作用实现其生物功能。所以,能够与非编码RNA直接结合的分子不只局限于蛋白质,但目前的RIP和CLIP等常用的鉴定非编码RNA靶标的手段都是以蛋白质为中心。还有,现在的功能基因组手段基本都是在免疫共沉淀的基础上衍生出来的,操作复杂且噪声高。所以为了提高监测的精度和广度,我们需要以RNA为核心的低背景易操作的新方法。

4. 解析非编码RNA结构的技术

已有研究表明,RNA结合蛋白特异性地识别RNA,既依赖于RNA序列,也受RNA结构的影响。由于大部分RNA结合蛋白识别RNA的特征序列都是高度简并化的序列,这样的简并化序列在转录组内大量存在,因此,RNA结构在决定RBP的靶标特异性方面可能具有极为重要的作用。但受限于研究技术和手段,我们目前对其中的结构识别机制缺乏深入、细致的理解。一方面,我们需要引入晶体衍射、核磁共振和冷冻电镜等研究蛋白质结构的技术;另一方面,我们还应该大力开发以高通量分析为基础的研究方法,尤其是RNA在细胞内在二级和三级结构上与蛋白质相互作用的动态结构研究技术是将来急需发展的一个方向。

5. 单分子标记和生物影像学方法

非编码RNA根据其定位、结构、修饰,以及与其他生物分子的动态相互作用,复杂而精确地执行丰富多彩的功能。非编码RNA在细胞内定位的异常与多种疾病的发生和发展密切相关。因此,发展RNA-RNA/蛋白质共价交联、新的荧光探针、生物酶-RNA共价交联技术,以及荧光成像和超分辨率显微镜技术等方法对探索非编码RNA功能机制及其与疾病发生相关性具有重大的理论及应用价值。目前针对非编码RNA的单分子标记及其成像方面缺乏有效快捷的方法。例如,目前应用于活细胞研究中的分子探针大部分是2'-O-Methyl RNA修饰的,但这种修饰会与蛋白质非特异性作用从而产生显著的假阳性信号。化学结构不稳定的分子探针引入细胞后也容易被核酸酶降解从而产生假阴性结果。所以我们需要能够更灵敏检测单个 RNA 的荧光定位新方法，从而达到对非编码 RNA 功能的深入研究的目的。

6. 开发适合非编码 RNA 研究的模式生物

当下的分子遗传学研究主要集中在酵母、果蝇、线虫、斑马鱼、小鼠和拟南芥等模式生物。在以编码蛋白质的基因为目标的正向遗传学研究中，这些模式生物发挥了巨大的作用。然而非编码 RNA 不存在密码子和阅读框这样固定严格的结构，所以绝大部分点突变不影响其功能；而且非编码 RNA 在传统模式生物中丰度低，表型不鲜明，这些都极大地限制了以诱变致突为主要手段的正向遗传学在这一手段的有效性。因此，从丰富多样的生物体系选出适宜非编码 RNA 研究的模型将促进我们在这个领域的突破。另外，非编码 RNA 在进化中的作用现在还所知甚少，将非编码 RNA 研究引入进化模式生物将有助于填补这项空白。

7. 开发应用非编码 RNA 的新技术

丰富多样的 RNA 不但是生物信息的载体，还是几乎所有生命活动的执行者，具有高度多样的分子生化性质。这些特性被用来开发促进基础和应用研究的工具。但与蛋白质工具相比，非编码 RNA 的应用价值还远未体现出来。所以我们要促进开发利用非编码 RNA 的新技术、新方法，把这一类高信息量多功能的分子转化成帮助我们认识世界的工具。

8. 研究和应用非编码 RNA 的新试剂、新仪器

现代生物学广泛使用商业化的试剂盒和仪器设备。但目前的试剂仪器主要是针对蛋白质、DNA 和 mRNA 设计开发的。与 mRNA 相比，非编码 RNA 丰度低、种类多并且与生物大分子有复杂相互作用。大部分现有研制试剂仪器不能适应非编码 RNA 的这些性质。还有，许多非编码 RNA 的异常表达与疾病相关，可以用作检测疾病发生和发展的标记物。但如何快速、准确和稳定地检测各种样本的 RNA 还面临很大挑战。因此，开发新试剂、新仪器解决 RNA 纯化、标记和检测等实验环节，不但可以促进非编码 RNA 的研究，还将推动相关产业的发展。

五、发展目标

本研究方向旨在开发研究和应用非编码 RNA 的新方法、新体系，以期全面深入，系统高效地探索和利用非编码 RNA 的生物学功能。根据国内科研目前在部分领域的积累和优势，力争经过 5 年左右的发展在非编码 RNA 结构、与蛋白质相互作用、RNA 分子标记和单分子影像检测、以非编码 RNA 为核心的功能基因组学、非编码 RNA 的应用等几个研究方向建立新的方法和技术。我们还预期开发出一些新的适合于非编码 RNA 研究的模式生物和试剂仪器。这些方面的进展将有力地提高我国在非编码 RNA 这一新兴研究方向上的实力，占据科学前沿，提高我国的科技创新能力。同时，以基础科学前沿为目的的方法和技术的创新，往往可以带动科学技术的产业化和商品化，从而创造我国高科技行业新的生长点。

六、我们的优势

我国非编码 RNA 研究的起步较早，研究水平与国际先进水平没有代差。在功能基因组学方面，中国科学院生物物理研究所陈润生研究组在 2005 年就建立了非编码 RNA 的概念分类系统（Liu et al.，2005b）。在二代测序技术成熟以后，以中山大学屈良鹄研究组为代表的多个团队利用高通量 RNA 测序数据鉴定了一大批非编码 RNA（Yang et al.，2010；Zheng et al.，2016）。最近，北京大学汤富酬研究组建立了单细胞 RNA-Seq 技术，并鉴定出许多与胚胎干细胞分裂分化相关的 lncRNA（Yan et al.，2013）。还有清华大学刘晓研究组建立了利用线虫反式拼接导链 RNA 测量组织特异转录组技术，并且鉴定出大量新的组织特异 lncRNA。在 RNA 共价修饰方面，北京大学的伊成器研究组建立了 RNA 假尿嘧啶化修饰的高通量测序技术（Li et al.，2015c），并鉴定出许多含有转录后修饰的 lncRNA。在 RNA 共价修饰方面，清华大学张强锋研究组建立了利用深度测序探测细胞内 RNA 二级结构的高通量方法。

在分子标记和单分子荧光成像方面，中国科学院生物物理研究所王江云研究组在基于化学生物学方法进行蛋白质荧光标记及荧光蛋白改造方面取得令人瞩目的成果，并且正在开发非编码 RNA 单分子标记和荧光成像的技术平台（Li et al.，2015a）。

在研究非编码 RNA 的新试剂方面，中山大学屈良鹄研究组（Wang et al.，2004）和中国人民解放军军事医学科学院郑晓飞研究组建立的 poly

(A) 加尾方法 (Fu et al., 2005) 分别成功地用于植物和动物 miRNA 的克隆，是克隆 miRNA 分子的三种主要方法之一。并且郑晓飞研究组建立的基于 poly (A) 加尾的 PCR 检测 miRNA 的经典方法已经获得专利授权。

总之，我国在研究非编码 RNA 的技术和方法上已经有了相当的积累，为进一步创新提供了扎实的基础，为各领域团队的相互交叉提供了国际水平的平台。

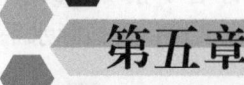

第五章 资助机制与政策建议

随着各国不断推出非编码 RNA 相关的重大计划与资金资助,非编码 RNA 研究逐渐成为生命科学研究中的热点,本书对该学科的发展提出以下建议。

(1) 建立 RNA 研究的专项基金,尽快将非编码 RNA 研究列入"十三五"国家重点研发计划;

(2) 争取设立 RNA 研究省部级重点实验室及国家重点实验室(队伍建设和能力建设);

(3) 建立若干全国性的 RNA 特色研究中心和研究平台,实现资源开放共享,凝聚人才;

(4) 支持、扩大、加强国际交流合作,放宽出国学术访问交流的限制,鼓励和支持顺访合作实验室;

(5) 支持和鼓励国内举办国际性学术会议,设立相关专项支持经费。

参 考 文 献

金由辛. 1999. 109次香山学术讨论会——"面向21世纪的RNA研究"简况. 生物化学与生物物理学报, 31: 119-123.

屈良鹄. 2009. RNA组学: 后基因组时代的科学前沿. 中国科学: 生命科学, 39: 1-2.

郑凌伶, 屈良鹄. 2010. 计算RNA组学: 非编码RNA结构识别与功能分析. 中国科学: 生命科学, 40: 294-310.

Adachi T, Nakanishi M, Otsuka Y, et al. 2010. Plasma microRNA 499 as a biomarker of acute myocardial infarction. Clinical Chemistry, 56: 1183-1185.

Adams P L, Stahley M R, Kosek A B, et al. 2004. Crystal structure of a self-splicing group I intron with both exons. Nature, 430: 45-50.

Alakonya A, Kumar R, Koenig D, et al. 2012. Interspecific RNA interference of SHOOT MERISTEMLESS-like disrupts Cuscuta pentagona plant parasitism. The Plant Cell, 24: 3153-3166.

Altman S. 2007. An overview of the RNA world: for now. Biol Chem, 388: 663-664.

Altman S. 2013. The RNA-Protein World. Rna, 19: 589-590.

Amaral P P, Dinger M E, Mercer T R, et al. 2008. The eukaryotic genome as an RNA machine. Science, 319: 1787-1789.

Ambrosone A, Costa A, Leone A, et al. 2012. Beyond transcription: RNA-binding proteins as emerging regulators of plant response to environmental constraints. Plant Sci, 182: 12-18.

Andersson P, Gidlof O, Braun O O, et al. 2012. Plasma levels of liver-specific miR-122 is massively increased in a porcine cardiogenic shock model and attenuated by hypothermia. Shock, 37: 234-238.

Anko M L, Neugebauer K M. 2012. RNA-protein interactions in vivo: global gets specific. Trends Biochem Sci, 37: 255-262.

Ariel F, Jegu T, Latrasse D, et al. 2014. Noncoding transcription by alternative RNA polymerases dynamically regulates an auxin-driven chromatin loop. Molecular Cell, 55: 383-396.

Arkov A L, Ramos A. 2010. Building RNA-protein granules: insight from the germline. Trends Cell Biol, 20: 482-490.

Ashwal-Fluss R, Meyer M, Pamudurti N R, et al. 2014. circRNA biogenesis competes with pre-mRNA splicing. Mol Cell, 56: 55-66.

Bahn J H, Ahn J, Lin X, et al. 2015. Genomic analysis of ADAR1 binding and its involvement in multiple RNA processing pathways. Nat Commun, 6: 6355.

Bamford S, Dawson E, Forbes S, et al. 2004. The COSMIC (Catalogue of Somatic Mutations in Cancer) database and website. Br J Cancer, 91: 355-358.

Baraniskin A, Nopel-Dunnebacke S, Ahrens M, et al. 2013. Circulating U2 small nuclear RNA fragments as a novel diagnostic biomarker for pancreatic and colorectal adenocarcinoma. Int J Cancer, 132: E48-E57.

Baum J A, Bogaert T, Clinton W, et al. 2007. Control of coleopteran insect pests through RNA interference. Nature Biotechnology, 25: 1322-1326.

Beaulieu Y B, Kleinman C L, Landry-Voyer A M, et al. 2012. Polyadenylation-dependent control of long noncoding RNA expression by the poly (A)-binding protein nuclear 1. PLoS Genet, 8: e1003078.

Bekris L M, Lutz F, Montine T J, et al. 2013. MicroRNA in Alzheimer's disease: an exploratory study in brain, cerebrospinal fluid and plasma. Biomarkers, 18: 455-466.

Ben Amor B, Wirth S, Merchan F, et al. 2009. Novel long non-protein coding RNAs involved in Arabidopsis differentiation and stress responses. Genome Res, 19: 57-69.

Benne R, van den Burg J, Brakenhoff J P, et al. 1986. Major transcript of the frameshifted coxII gene from trypanosome mitochondria contains four nucleotides that are not encoded in the DNA. Cell, 46: 819-826.

Berg M G, Singh L N, Younis I, et al. 2012. U1 snRNP determines mRNA length and regulates isoform expression. Cell, 150: 53-64.

Berget S M, Moore C, Sharp P A. 1977. Spliced segments at the 5′ terminus of adenovirus 2 late mRNA. Proc Natl Acad Sci USA, 74: 3171-3175.

Black D L. 2003. Mechanisms of alternative pre-messenger RNA splicing. A nual review of biochemistry, 72: 291-336.

Boettcher M, McManus M T. 2015. Choosing the right tool for the job: RNAi, TALEN, or CRISPR. Mol Cell, 58: 575-585.

Bonfils G, Jaquenoud M, Bontron S, et al. 2012. Leucyl-tRNA synthetase controls TORC1 via the EGO complex. Mol Cell, 46: 105-110.

Brannan C I, Dees E C, Ingram R S, et al. 1990. The product of the H19 gene may function as an RNA. Mol Cell Biol, 10: 28-36.

Braun I C, Rohrbach E, Schmitt C, et al. 1999. TAP binds to the constitutive transport element (CTE) through a novel RNA-binding motif that is sufficient to promote CTE-dependent RNA export from the nucleus. EMBO J, 18: 1953-1965.

Breaker R R. 2011. Prospects for riboswitch discovery and analysis. Mol Cell, 43: 867-879.

Brennecke J, Aravin A A, Stark A, et al. 2007. Discrete small RNA-generating loci as master regulators of transposon activity in Drosophila. Cell, 128: 1089-1103.

Brown C J, Ballabio A, Rupert J L, et al. 1991. A gene from the region of the human X inactivation centre is expressed exclusively from the inactive X chromosome. Nature, 349: 38-44.

Bu D, Yu K, Sun S, et al. 2012. NONCODE v3.0: integrative annotation of long noncoding RNAs. Nucleic Acids Res, 40: D210-D215.

Buckanovich R J, Darnell R B. 1997. The neuronal RNA binding protein Nova-1 recognizes specific RNA targets in vitro and in vivo. Mol Cell Biol, 17: 3194-3201.

Burroughs A M, Ando Y, de Hoon M J, et al. 2010. A comprehensive survey of 3′ animal miRNA modification events and a possible role for 3′ adenylation in modulating miRNA targeting effectiveness. Genome Res, 20: 1398-1410.

Calin G A, Croce C M. 2006. MicroRNA-cancer connection: the beginning of a new tale. Cancer Res, 66: 7390-7394.

Calin G A, Dumitru C D, Shimizu M, et al. 2002. Frequent deletions and down-regulation of micro- RNA genes miR15 and miR16 at 13q14 in chronic lymphocytic leukemia. Proc Natl Acad Sci USA, 99: 15524-15529.

Campo S M, Zullo A, Scandavini C M, et al. 2013. Pseudoachalasia: a peculiar case report and review of the literature. World J Gastrointest Endosc, 5: 450-454.

Cancer Genome Atlas Research. 2008. Comprehensive genomic characterization defines human glioblastoma genes and core pathways. Nature, 455: 1061-1068.

Cao M, Du P, Wang X, et al. 2014. Virus infection triggers widespread silencing of host genes by a distinct class of endogenous siRNAs in Arabidopsis. Proceedings of the National Academy of Sciences, 111: 14613-14618.

Castanotto D, Rossi J J. 2009. The promises and pitfalls of RNA-interference-based therapeutics. Nature, 457: 426-433.

Castel S E, Martienssen R A. 2013. RNA interference in the nucleus: roles for small RNAs in transcription, epigenetics and beyond. Nature Reviews Genetics, 14: 100-112.

Castello A, Fischer B, Hentze M W, et al. 2013. RNA-binding proteins in Mendelian disease. Trends Genet, 29: 318-327.

Cech T, Steele F. 2013. The (noncoding) RNA world. Nucleic Acid Ther, 23: 1.

Cech T R. 1989. RNA as an enzyme. Biochem Int, 18: 7-14.

Cech T R. 2012. The RNA worlds in context. Cold Spring Harb Perspect Biol, 4: a006742.

Chavez A, Scheiman J, Vora S, et al. 2015. Highly-efficient Cas9-mediated transcriptional programming. Nature Methods, 12: 326-328.

Che R H, Tong H N, Shi B H, et al. 2015. Control of grain size and rice yield by GL2-mediated brassinosteroid responses. Nat Plants.

Chen A K, Behlke M A, Tsourkas A. 2007. Avoiding false-positive signals with nucleasevulnerable molecular beacons in single living cells. Nucleic Acids Research, 35: e105-e105.

Chen A K, Behlke M A, Tsourkas A. 2008c. Efficient cytosolic delivery of molecular beacon conjugates and flow cytometric analysis of target RNA. Nucleic Acids Research, 36: e69-e69.

Chen B, Huang B. 2014. Imaging genomic elements in living cells using CRISPR/Cas9. Methods Enzymol, 546: 337-354.

Chen G, Wang Z, Wang D, et al. 2013. LncRNADisease: a database for long-non-coding RNA-associated diseases. Nucleic Acids Res, 41: D983-D986.

Chen L L, Carmichael G G. 2009. Altered nuclear retention of mRNAs containing inverted repeats in human embryonic stem cells: functional role of a nuclear noncoding RNA. Mol Cell, 35: 467-478.

Chen L L, Carmichael G G. 2010. Long noncoding RNAs in mammalian cells: what, where, and why? Wiley Interdiscip Rev RNA, 1: 2-21.

Chen L L, DeCerbo J N, Carmichael G G. 2008b. Alu element-mediated gene silencing. EMBO J, 27: 1694-1705.

Chen Q, Yan M, Cao Z, et al. 2016. Sperm tsRNAs contribute to intergenerational inheritance of an acquired metabolic disorder. Science, 351: 397-400.

Chen X, Ba Y, Ma L, et al. 2008a. Characterization of microRNAs in serum: a novel class of biomarkers for diagnosis of cancer and other diseases. Cell Res, 18: 997-1006.

Cheng G. 2015. Circulating miRNAs: roles in cancer diagnosis, prognosis and therapy. Adv Drug Deliv Rev, 81: 75-93.

Cheng H, Dufu K, Lee C S, et al. 2006. Human mRNA export machinery recruited to the 5′ end of mRNA. Cell, 127: 1389-1400.

Chi B, Wang K, Du Y, et al. 2014. A sub-element in PRE enhances nuclear export of intronless mRNAs by recruiting the TREX complex via ZC3H18. Nucleic Acids Res, 42: 7305-7318.

Chi B, Wang Q, Wu G, et al. 2013. Aly and THO are required for assembly of the human TREX complex and association of TREX components with the spliced mRNA. Nucleic Acids Res, 41: 1294-1306.

Chi S W, Zang J B, Mele A, et al. 2009. Argonaute HITS-CLIP decodes microRNA-mRNA interaction maps. Nature, 460: 479-486.

Chu C, Qu K, Zhong F L, et al. 2011. Genomic maps of long noncoding RNA occupancy reveal principles of RNA-chromatin interactions. Mol Cell, 44: 667-678.

Chu C, Zhang Q C, da Rocha S T, et al. 2015. Systematic discovery of Xist RNA binding proteins. Cell, 161: 404-416.

Clemson C M, Hutchinson J N, Sara S A, et al. 2009. An architectural role for a nuclear noncoding RNA: NEAT1 RNA is essential for the structure of paraspeckles. Mol Cell, 33: 717-726.

Cong L, Ran F A, Cox D, et al. 2013. Multiplex Genome Engineering Using CRISPR/Cas Systems. Science, 339: 819-823.

Consortium T E P. 2012. An integrated encyclopedia of DNA elements in the human genome. Nature, 489: 57-74.

Corcoran D L, Georgiev S, Mukherjee N, et al. 2011. PARalyzer: definition of RNA binding sites from PAR-CLIP short-read sequence data. Genome Biol, 12: R79.

Dai X, Yu J, Ma J, et al. 2007. Overexpression of Zm401, an mRNA-like RNA, has distinct effects on pollen development in maize. Plant Growth Regulation, 52: 229-239.

Darnell J E, Jr. 2013. Reflections on the history of pre-mRNA processing and highlights of current knowledge: a unified picture. RNA, 19: 443-460.

David C J, Manley J L. 2011. The RNA polymerase C-terminal domain: a new role in spliceosome assembly. Transcription, 2: 221-225.

Deng X, Gu L, Liu C, et al. 2010. Arginine methylation mediated by the Arabidopsis homolog of PRMT5 is essential for proper pre-mRNA splicing. Proc Natl Acad Sci USA, 107: 19114-19119.

Di C, Yuan J, Wu Y, et al. 2014. Characterization of stress-responsive lncRNAs in Arabidopsis thaliana by integrating expression, epigenetic and structural features. Plant J, 80: 848-861.

Di Giammartino D C, Nishida K, Manley J L. 2011. Mechanisms and consequences of alternative polyadenylation. Mol Cell, 43: 853-866.

Ding J, Huang S, Wu S, et al. 2010. Gain of miR-151 on chromosome 8q24.3 facilitates tumour cell migration and spreading through downregulating RhoGDIA. Nat Cell Biol, 12: 390-399.

Ding J, Lu Q, Ouyang Y, et al. 2012. A long noncoding RNA regulates photoperiod-sensitive male sterility, an essential component of hybrid rice. Proceedings of the National Academy of Sciences, 109: 2654-2659.

Ding S-W, Voinnet O. 2007. Antiviral immunity directed by small RNAs. Cell, 130: 413-426.

Dominguez C, Schubert M, Duss O, et al. 2011. Structure determination and dynamics of protein-RNA complexes by NMR spectroscopy. Prog Nucl Magn Reson Spectrosc, 58: 1-61.

Dominissini D, Moshitch-Moshkovitz S, Schwartz S, et al. 2012. Topology of the human and mouse m6A RNA methylomes revealed by m6A-seq. Nature, 485: 201-206.

Dou K, Huang C-F, Ma Z-Y, et al. 2013. The PRP6-like splicing factor STA1 is involved in RNA-directed DNA methylation by facilitating the production of Pol V-dependent scaffold RNAs. Nucleic Acids Research, 41: 8489-8502.

Du H, Zhao Y, He J, et al. 2016. YTHDF2 destabilizesm (6) A-containing RNA through direct recruitment of the CCR4-NOT deadenglase complex. Nature Communication, 7: 12626.

Du P, Wu J, Zhang J, et al. 2011. Viral infection induces expression of novel phased microRNAs from conserved cellular microRNA precursors. Plos Pathogens, 7: e1002176-e1002176.

Du X, Wang E D. 2003. Tertiary structure base pairs between D- and TpsiC-loops of Escherichia coli tRNA (Leu) play important roles in both aminoacylation and editing. Nucleic Acids Res, 31: 2865-2872.

Duan C G, Guo H S. 2012. Suppression of Arabidopsis ARGONAUTE1-mediated slicing, transgene-induced RNA silencing, and DNA methylation by distinct domains of the cucumber mosaic virus 2b protein. Plant Cell, 24: 259-274.

Duan J, Li L, Lu J, et al. 2009. Structural mechanism of substrate RNA recruitment in H/ACA RNA-guided pseudouridine synthase. Mol Cell, 34: 427-439.

Duan P G, Ni S, Wang J, et al. 2015. Regulation of OsGRF4 by OsmiR396 controls grain size and yield in rice. Nat Plants.

Dunham I, Kundaje A, Aldred S F, et al. 2012. An integrated encyclopedia of DNA elements in the human genome. Nature, 489: 57-74.

Duran R V, Hall M N. 2012. Leucyl-tRNA synthetase: double duty in amino acid sensing. Cell Res, 22: 1207-1209.

Elkon R, Ugalde A P, Agami R. 2013. Alternative cleavage and polyadenylation: extent, regulation and function. Nat Rev Genet, 14: 496-506.

Elmen J, Lindow M, Schutz S, et al. 2008. LNA-mediated microRNA silencing in non-human primates. Nature, 452: 896-899.

Emerman M, Vazeux R, Peden K. 1989. The rev gene product of the human immunodeficiency virus affects envelope-specific RNA localization. Cell, 57: 1155-1165.

Engreitz J M, Pandya-Jones A, McDonel P, et al. 2013. The Xist lncRNA exploits three-dimensional genome architecture to spread across the X chromosome. Science, 341: 1237973.

Engreitz J M, Sirokman K, McDonel P, et al. 2014. RNA-RNA interactions enable specific targeting of noncoding RNAs to nascent Pre-mRNAs and chromatin sites. Cell, 159: 188-199.

Enright A J, John B, Gaul U, et al. 2003. MicroRNA targets in Drosophila. Genome Biol, 5: R1.

Esau C, Davis S, Murray S F, et al. 2006. miR-122 regulation of lipid metabolism revealed by in vivo antisense targeting. Cell Metab, 3: 87-98.

Fang X, Cui Y, Li Y, et al. 2015a. Transcription and processing of primary microRNAs are coupled by Elongator complex in Arabidopsis. Nature Plants, 1.

Fang X, Qi Y. 2016. RNAi in plants: an argonaute-centered view. The Plant Cell.

Fang Y-Y, Smith N A, Zhao J-H, et al. 2015b. Cloning and profiling of small RNAs from cucumber mosaic virus satellite RNA. Plant Virology Protocols: New Approaches to Detect Viruses and Host Responses, 99-109.

Fejes-Toth K K P, Foissac S K, Sotirova V, et al. 2009. Post-transcriptional processing generates a diversity of 5′-modified long and short RNAs. Nature, 457: 1028-1032.

Felber B K, Hadzopoulou-Cladaras M, Cladaras C, et al. 1989. rev protein of human immunodeficiency virus type 1 affects the stability and transport of the viral mRNA. Proc Natl Acad Sci USA, 86: 1495-1499.

Feng B, Mandava C S, Guo Q, et al. 2014. Structural and functional insights into the mode of action of a universally conserved obg GTPase. PLoS Biol, 12: e1001866.

Feng S, Jacobsen S E, Reik W. 2010. Epigenetic reprogramming in plant and animal development. Science, 330: 622-627.

Ferre-D'Amare A R, Scott W G. 2010. Small self-cleaving ribozymes. Cold Spring Harb Perspect Biol, 2: a003574.

Fire A, Xu S, Montgomery M K, et al. 1998. Potent and specific genetic interference by double-stranded RNA in Caenorhabditis elegans. Nature, 391: 806-811.

Franco-Zorrilla J M, Valli A, Todesco M, et al. 2007. Target mimicry provides a new mechanism for regulation of microRNA activity. Nat Genet, 39: 1033-1037.

Friedlander M R, Chen W, Adamidi C, et al. 2008. Discovering microRNAs from deep sequencing data using miRDeep. Nature Biotechnology, 26: 407-415.

Fu H, Tie Y, Xu C, et al. 2005. Identification of human fetal liver miRNAs by a novel method. FEBS Lett, 579: 3849-3854.

Fu Y, Dominissini D, Rechavi G, et al. 2014. Gene expression regulation mediated through reversible m6A RNA methylation. Nat Rev Genet, 15: 293-306.

Fu Y, Sun Y, Li Y, et al. 2011. Differential genome-wide profiling of tandem 3′ UTRs among human breast cancer and normal cells by high-throughput sequencing. Genome Res, 21: 741-747.

Fusco D, Accornero N, Lavoie B, et al. 2003. Single mRNA molecules demonstrate probabilistic movement in living mammalian cells. Current Biology, 13: 161-167.

Gao F, Wang K, Liu Y, et al. 2015. Blocking miR396 increases rice yield by shaping inflorescence architecture. Nat Plants.

Gao M, Wei W, Li M M, et al. 2014. Ago2 facilitates Rad51 recruitment and DNA double-strand break repair by homologous recombination. Cell Res, 24: 532-541.

Gapp K, Jawaid A, Sarkies P, et al. 2014. Implication of sperm RNAs in transgenerational inheritance of the effects of early trauma in mice. Nat Neurosci, 17: 667-669.

Gerstein M B, Rozowsky J, Yan K K, et al. 2014. Comparative analysis of the transcriptome across distant species. Nature, 512: 445-448.

Gilbert W. 1986. The RNA world. Nature, 319: 618.

Goodarzi H, Liu X, Nguyen H C, et al. 2015. Endogenous tRNA-Derived fragments suppress breast cancer progression via YBX1 displacement. Cell, 161: 790-802.

Gou J Y, Felippes F F, Liu C J, et al. 2011. Negative regulation of anthocyanin biosynthesis in Arabidopsis by a miR156-targeted SPL transcription factor. Plant Cell, 23: 1512-1522.

Gou L T, Dai P, Yang J H, et al. 2014. Pachytene piRNAs instruct massive mRNA elimination during late spermiogenesis. Cell Res, 24: 680-700.

Grimes J M, Fuller S D, Stuart D I. 1999. Complementing crystallography: the role of cryo-electron microscopy in structural biology. Acta Crystallographica Section D, 55: 1742-1749.

Grosjean H. 2015. RNA modification: the Golden Period 1995-2015. RNA, 21: 625-626.

Grote P, Wittler L, Hendrix D, et al. 2013. The tissue-specific lncRNA Fendrr is an essential regulator of heart and body wall development in the mouse. Dev Cell, 24: 206-214.

Gu S G, Pak J, Guang S, et al. 2012. Amplification of siRNA in Caenorhabditis elegans generates a transgenerational sequence-targeted histone H3 lysine 9 methylation footprint. Nat Genet, 44: 157-164.

Gu Z, Huang C, Li F, et al. 2014. A versatile system for functional analysis of genes and microRNAs in cotton. Plant Biotechnology Journal, 12: 638-649.

Guan D G, Liao J Y, Qu Z H, et al. 2011. mirExplorer: detecting microRNAs from genome and next generation sequencing data using the AdaBoost method with transition probability matrix and combined features. RNA Biol, 8: 922-934.

Guang S, Bochner A F, Burkhart K B, et al. 2010. Small regulatory RNAs inhibit RNA polymerase II during the elongation phase of transcription. Nature, 465: 1097-1101.

Guang S, Bochner A F, Pavelec D M, et al. 2008. An Argonaute transports siRNAs from the cytoplasm to the nucleus. Science, 321: 537-541.

Guo Q, Yuan Y, Xu Y, et al. 2011. Structural basis for the function of a small GTPase RsgA on the 30S ribosomal subunit maturation revealed by cryoelectron microscopy. Proc Natl Acad Sci USA, 108: 13100-13105.

Guo W T, Wang X W, Wang Y. 2014. Micro-management of pluripotent stem cells. Protein Cell, 5: 36-47.

Guo X, Gao L, Liao Q, et al. 2013. Long non-coding RNAs function annotation: a global prediction method based on bi-colored networks. Nucleic Acids Res, 41: e35.

Guttman M, Amit I, Garber M, et al. 2009. Chromatin signature reveals over a thousand highly conserved large non-coding RNAs in mammals. Nature, 458: 223-227.

Guttman M, Donaghey J, Carey B W, et al. 2011. lincRNAs act in the circuitry controlling pluripotency and differentiation. Nature, 477: 295-300.

Guttman M, Rinn J L. 2012. Modular regulatory principles of large non-coding RNAs. Nature, 482: 339-346.

Haag J R, Ream T S, Marasco M, et al. 2012. In vitro transcription activities of Pol IV, Pol V, and RDR2 reveal coupling of Pol IV and RDR2 for dsRNA synthesis in plant RNA silencing. Mol Cell, 48: 811-818.

Hacisuleyman E, Goff L A, Trapnell C, et al. 2014. Topological organization of multichromosomal regions by the long intergenic noncoding RNA Firre. Nat Struct Mol Biol, 21: 198-206.

Hafner M, Landthaler M, Burger L, et al. 2010. Transcriptome-wide identification of RNA-binding protein and microRNA target sites by PAR-CLIP. Cell, 141: 129-141.

Hamera S, Song X, Lei S, et al. 2012. Cucumber mosaic virus suppressor 2b binds to AGO4-related small RNAs and impairs AGO4 activities. Plant Journal for Cell & Molecular Biology, 69: 104-115.

Han B W, Wang W, Li C, et al. 2015. Noncoding RNA. piRNA-guided transposon cleavage initiates Zucchini-dependent, phased piRNA production. Science, 348: 817-821.

Han J M, Jeong S J, Park M C, et al. 2012. Leucyl-tRNA synthetase is an intracellular leucine sensor for the mTORC1-signaling pathway. Cell, 149: 410-424.

Handwerger K E, Gall J G. 2006. Subnuclear organelles: new insights into form and function. Trends Cell Biol, 16: 19-26.

Hang J, Wan R, Yan C, et al. 2015. Structural basis of pre-mRNA splicing. Science, 349: 1191-1198.

Hansen T B, Jensen T I, Clausen B H, et al. 2013. Natural RNA circles function as efficient microRNA sponges. Nature, 495: 384-388.

Heard E, Martienssen R A. 2014. Transgenerational epigenetic inheritance: myths and mechanisms. Cell, 157: 95-109.

Heo J B, Sung S. 2011. Vernalization-mediated epigenetic silencing by a long intronic noncoding RNA. Science, 331: 76-79.

Herr A J, Jensen M B, Dalmay T, et al. 2005. RNA polymerase IV directs silencing of endogenous DNA. Science, 308: 118-120.

Holbrook J A, Neu-Yilik G, Hentze M W, et al. 2004. Nonsense-mediated decay approaches the clinic. Nat Genet, 36: 801-808.

Holcik M, Liebhaber S A. 1997. Four highly stable eukaryotic mRNAs assemble 3' untranslated region RNA-protein complexes sharing cis and trans components. Proceedings of the National Academy of Sciences of the United States of America, 94: 2410-2414.

Hollick J B. 2012. Paramutation: a trans-homolog interaction affecting heritable gene regulation. Current Opinion in Plant Biology, 15: 536-543.

Hoque M, Ji Z, Zheng D, et al. 2013. Analysis of alternative cleavage and polyadenylation by 3′ region extraction and deep sequencing. Nat Methods, 10: 133-139.

Hoskins A A, Moore M J. 2012. The spliceosome: a flexible, reversible macromolecular machine. Trends Biochem Sci, 37: 179-188.

Hou J, Lin L, Zhou W, et al. 2011. Identification of miRNomes in human liver and hepatocellular carcinoma reveals miR-199a/b-3p as therapeutic target for hepatocellular carcinoma. Cancer Cell, 19: 232-243.

Hsu S D, Chu C H, Tsou A P, et al. 2008. miRNAMap 2.0: genomic maps of microRNAs in metazoan genomes. Nucleic Acids Res, 36: D165-D169.

Hsu S D, Lin F M, Wu W Y, et al. 2011. miRTarBase: a database curates experimentally validated microRNA-target interactions. Nucleic Acids Res, 39: D163-D169.

Hu J, Wang Y, Fang Y, et al. 2015a. A rare allele of GS2 enhances grain size and grain yield in rice. Mol Plant, 8: 1455-1465.

Hu L, Di C, Kai M, et al. 2015a. A common set of distinct features that characterize noncoding RNAs across multiple species. Nucleic Acids Res, 43: 104-114.

Hu X, Feng Y, Zhang D, et al. 2014. A functional genomic approach identifies FAL1 as an oncogenic long noncoding RNA that associates with BMI1 and represses p21 expression in cancer. Cancer Cell, 26: 344-357.

Huang H, Qiao R, Zhao D, et al. 2009a. Profiling of mismatch discrimination in RNAi enabled rational design of allele-specific siRNAs. Nucleic Acids Res, 37: 7560-7569.

Huang J, Brown A F, Wu J, et al. 2014. Structural basis for protein-RNA recognition in telomerase. Nat Struct Mol Biol, 21: 507-512.

Huang Q, Yao P, ErianiG, et al. 2012. In vivo identification of essential nucleotides in tRNALeu to its functions by using a constructed yeast tRNALeu knockout strain. Nucleic Acids Res, 40: 10463-10477.

Huang S, Spector D L. 1992. U1 and U2 small nuclear RNAs are present in nuclear speckles. Proc Natl Acad Sci USA, 89: 305-308.

Huang Y, Ji L, Huang Q, et al. 2009b. Structural insights into mechanisms of the small RNA methyltransferase HEN1. Nature, 461: 823-827.

Huarte M, Guttman M, Feldser D, et al. 2010. A large intergenic noncoding RNA induced by p53 mediates global gene repression in the p53 response. Cell, 142: 409-419.

Hwang H W, Wentzel E A, Mendell J T. 2007. A hexanucleotide element directs microRNA nuclear import. Science, 315: 97-100.

Ito H, Gaubert H, Bucher E, et al. 2011. An siRNA pathway prevents transgenerational retrotransposition in plants subjected to stress. Nature, 472: 115-119.

Jackson R N, Golden S M, van Erp P B, et al. 2014. Crystal structure of the CRISPR RNA-guided surveillance complex from *Escherichia coli*. Science, 345: 1473-1479.

Jalali S, Bhartiya D, Lalwani M K, et al. 2013. Systematic transcriptome wide analysis of lncRNA-miRNA interactions. PLoS One, 8: e53823.

Jeck W R, Sorrentino J A, Wang K, et al. 2013. Circular RNAs are abundant, conserved, and associated with ALU repeats. RNA, 19: 141-157.

Jenal M, Elkon R, Loayza-Puch F, et al. 2012. The poly (A) -binding protein nuclear 1 suppresses alternative cleavage and polyadenylation sites. Cell, 149: 538-553.

Ji J, Shi J, Budhu A, et al. 2009a. MicroRNA expression, survival, and response to interferon in liver cancer. N Engl J Med, 361: 1437-1447.

Ji L, Chen X. 2012. Regulation of small RNA stability: methylation and beyond. Cell Res, 22: 624-636.

Ji X, Takahashi R, Hiura Y, et al. 2009b. Plasma miR-208 as a biomarker of myocardial injury. Clin Chem, 55: 1944-1949.

Ji Z, Luo W, Li W, et al. 2011. Transcriptional activity regulates alternative cleavage and polyadenylation. Mol Syst Biol, 7: 534.

Jiang L, Lin C, Song L, et al. 2012a. MicroRNA-30e* promotes human glioma cell invasiveness in an orthotopic xenotransplantation model by disrupting the NF-kappaB/IkappaBalpha negative feedback loop. J Clin Invest, 122: 33-47.

Jiang L, Qian D, Zheng H, et al. 2012b. RNA-dependent RNA polymerase 6 of rice (Oryza sativa) plays role in host defense against negative-strand RNA virus, Rice stripe virus. Virus Research, 163: 512-519.

Jiang Q, Wang Y, Hao Y, et al. 2009. miR2Disease: a manually curated database for microRNA deregulation in human disease. Nucleic Acids Res, 37: D98-D104.

Jiao Y, Wang Y, Xue D, et al. 2010. Regulation of OsSPL14 by OsmiR156 defines ideal plant architecture in rice. Nat Genet, 42: 541-544.

Jinek M, Doudna J A. 2009. A three-dimensional view of the molecular machinery of RNA interference. Nature, 457: 405-412.

Jinek M, Jiang F, Taylor D W, et al. 2014. Structures of Cas9 endonucleases reveal RNA-mediated conformational activation. Science, 343: 1247997.

Jones-Rhoades M W, Bartel D P, Bartel B. 2006. MicroRNAS and their regulatory roles in plants. Annu Rev Plant Biol, 57: 19-53.

Kamikawa R, Inagaki Y, Roger A J, et al. 2011. Splintrons in Giardia intestinalis: Spliceosomal introns in a split form. Commun Integr Biol, 4: 454-456.

Karijolich J, Yu Y T. 2011. Converting nonsense codons into sense codons by targeted pseudouridylation. Nature, 474: 395-398.

Kataoka M, Wang D Z. 2014. Non-coding RNAs including miRNAs and lncRNAs in cardiovascular biology and disease. Cells, 3: 883-898.

Ke A, Doudna J A. 2004. Crystallization of RNA and RNA-protein complexes. Methods,

34: 408-414.

Ke J, Chen R Z, Ban T, et al. 2013. Structural basis for RNA recognition by a dimeric PPR-protein complex. Nat Struct Mol Biol, 20: 1377-1382.

Kellis M, Wold B, Snyder M P, et al. 2014. Defining functional DNA elements in the human genome. Proc Natl Acad Sci USA, 111: 6131-6138.

Kertesz M, Iovino N, Unnerstall U, et al. 2007. The role of site accessibility in microRNA target recognition. Nature Genetics, 39: 1278-1284.

Kertesz M, Wan Y, Mazor E, et al. 2010. Genome-wide measurement of RNA secondary structure in yeast. Nature, 467: 103-107.

Kim E, Goren A, Ast G. 2008. Alternative splicing and disease. RNA Biol, 5: 17-19.

Kim S H, Suddath F L, Quigley G J, et al. 1974. Three-dimensional tertiary structure of yeast phenylalanine transfer RNA. Science, 185: 435-440.

Kino T, Hurt D E, Ichijo T, et al. 2010. Noncoding RNA gas5 is a growth arrest- and starvation-associated repressor of the glucocorticoid receptor. Sci Signal, 3: ra8.

Kiss T. 2002. Small nucleolar RNAs: an abundant group of noncoding RNAs with diverse cellular functions. Cell, 109: 145-148.

Kong L, Zhang Y, Ye Z Q, et al. 2007. CPC: assess the protein-coding potential of transcripts using sequence features and support vector machine. Nucleic Acids Res, 35: W345-W349.

Konig J, Zarnack K, Rot G, et al. 2011. iCLIP - transcriptome-wide mapping of protein-RNA interactions with individual nucleotide resolution. Journal of Visualized Experiments, 2638.

Kosaka N, Yoshioka Y, Hagiwara K, et al. 2013. Trash or treasure: extracellular microRNAs and cell-to-cell communication. Front Genet, 4: 173.

Krek A, Grun D, Poy M N, et al. 2005. Combinatorial microRNA target predictions. Nat Genet, 37: 495-500.

Kretz M, Siprashvili Z, Chu C, et al. 2013. Control of somatic tissue differentiation by the long non-coding RNA TINCR. Nature, 493: 231-235.

Kruger K, Grabowski P J, Zaug A J, et al. 1982. Self-splicing RNA: autoexcision and autocyclization of the ribosomal RNA intervening sequence of Tetrahymena. Cell, 31: 147-157.

Krutzfeldt J, Rajewsky N, Braich R, et al. 2005. Silencing of microRNAs in vivo with 'antagomirs'. Nature, 438: 685-689.

Ku T H, Zhang T, Luo H, et al. 2015. Nucleic acid aptamers: an emerging tool for biotechnology and biomedical sensing. Sensors (Basel, Switzerland), 15: 16281-16313.

Kumarswamy R, Bauters C, Volkmann I, et al. 2014. Circulating long noncoding RNA, LIPCAR, predicts survival in patients with heart failure. Circ Res, 114: 1569-1575.

Lagos-Quintana M, Rauhut R, Lendeckel W, et al. 2001. Identification of novel genes coding for small expressed RNAs. Science, 294: 853-858.

Lai F, Gardini A, Zhang A, et al. 2015. Integrator mediates the biogenesis of enhancer RNAs. Nature, 525: 399-403.

Lambert N, Robertson A, Jangi M, et al. 2014. RNA Bind-n-Seq: quantitative assessment of the sequence and structural binding specificity of RNA binding proteins. Mol Cell, 54: 887-900.

Lander E S, Linton L M, Birren B, et al. 2001. Initial sequencing and analysis of the human genome. Nature, 409: 860-921.

Lasda E, Parker R. 2014. Circular RNAs: diversity of form and function. RNA, 20: 1829-1842.

Lau N C, Lim L P, Weinstein E G, et al. 2001. An abundant class of tiny RNAs with probable regulatory roles in Caenorhabditis elegans. Science, 294: 858-862.

Lee M, Kim B, Kim V N. 2014. Emerging roles of RNA modification: m (6) A and U-tail. Cell, 158: 980-987.

Lee R C, Ambros V. 2001. An extensive class of small RNAs in Caenorhabditis elegans. Science, 294: 862-864.

Lee R C, Feinbaum R L, Ambros V. 1993. The C. elegans heterochronic gene lin-4 encodes small RNAs with antisense complementarity to lin-14. Cell, 75: 843-854.

Lewis B P, Burge C B, Bartel D P. 2005. Conserved seed pairing, often flanked by adenosines, indicates that thousands of human genes are microRNA targets. Cell, 120: 15-20.

Lewis B P, Shih I H, Jones-Rhoades M W, et al. 2003. Prediction of mammalian microRNA targets. Cell, 115: 787-798.

Li C F, Pontes O, El-Shami M, et al. 2006. An ARGONAUTE4-containing nuclear processing center colocalized with Cajal bodies in Arabidopsis thaliana. Cell, 126: 93-106.

Li F, Dong J, Hu X, et al. 2015a. A covalent approach for site-specific RNA labeling in Mammalian cells. Angew Chem Int Ed Engl, 54: 4597-4602.

Li F, Huang C, Li Z, et al. 2014a. Suppression of RNA silencing by a plant DNA virus satellite requires a host calmodulin-like protein to repress RDR6 expression. PLoS Pathog, 10: e1003921.

Li F, Wang W, Zhao N, et al. 2015b. Regulation of nicotine biosynthesis by an endogenous target mimicry of microRNA in tobacco. Plant Physiology, 169 (2): 1062-1071.

Li H, Xie H, Liu W, et al. 2009a. A novel microRNA targeting HDAC5 regulates osteoblast differentiation in mice and contributes to primary osteoporosis in humans. J Clin Invest, 119: 3666-3677.

Li J, Gong L Y, Song L B, et al. 2010a. Oncoprotein Bmi-1 renders apoptotic resistance to glioma cells through activation of the IKK-nuclear factor-kappaB Pathway. Am J Pathol,

176: 699-709.

Li J, Guan H Y, Gong L Y, et al. 2008b. Clinical significance of sphingosine kinase-1 expression in human astrocytomas progression and overall patient survival. Clin Cancer Res, 14: 6996-7003.

Li J, Zhang H, Wu J, et al. 2010b. Prognostic significance of integrin-linked kinase1 overexpression in astrocytoma. Int J Cancer, 126: 1436-1444.

Li J H, Liu S, Zhou H, et al. 2014a. starBase v2.0: decoding miRNA-ceRNA, miRNA-ncRNA and protein-RNA interaction networks from large-scale CLIP-Seq data. Nucleic Acids Res, 42: D92-D97.

Li J J, Fang X, Schuster S M, et al. 2000. Molecular beacons: a novel approach to detect protein-DNA interactions. Angewandte Chemie International Edition, 39: 1049-1052.

Li L, Eichten S R, Shimizu R, et al. 2014c. Genome-wide discovery and characterization of maize long non-coding RNAs. Genome Biol, 15: R40.

Li L, Feng T, Lian Y, et al. 2009b. Role of human noncoding RNAs in the control of tumorigenesis. Proc Natl Acad Sci USA, 106: 12956-12961.

Li L, Ye K. 2006. Crystal structure of an H/ACA box ribonucleoprotein particle. Nature, 443: 302-307.

Li N, Chen Y, Guo Q, et al. 2013a. Cryo-EM structures of the late-stage assembly intermediates of the bacterial 50S ribosomal subunit. Nucleic Acids Res, 41: 7073-7083.

Li X, Zhu P, Ma S, et al. 2015b. Chemical pulldown reveals dynamic pseudouridylation of the mammalian transcriptome. Nat Chem Biol, 11: 592-597.

Li X J, Luo X Q, Han B W, et al. 2013b. MicroRNA-100/99a, deregulated in acute lymphoblastic leukaemia, suppress proliferation and promote apoptosis by regulating the FKBP51 and IGF1R/mTOR signalling pathways. Br J Cancer, 109: 2189-2198.

Li Y, Luo J, Zhou H, et al. 2008a. Stress-induced tRNA-derived RNAs: a novel class of small RNAs in the primitive eukaryote Giardia lamblia. Nucleic Acids Research, 36: 6048-6055.

Li Y, Zhang Q, Zhang J, et al. 2010c. Identification of microRNAs involved in pathogen-associated molecular pattern-triggered plant innate immunity. Plant Physiology, 152: 2222-2231.

Li Z, Huang C, Bao C, et al. 2015a. Exon-intron circular RNAs regulate transcription in the nucleus. Nat Struct Mol Biol, 22: 256-264.

Liao M, Cao E, Julius D, et al. 2013. Structure of the TRPV1 ion channel determined by electron cryo-microscopy. Nature, 504: 107-112.

Liao Q, Liu C, Yuan X, et al. 2011a. Large-scale prediction of long non-coding RNA functions in a coding-non-coding gene co-expression network. Nucleic Acids Res, 39: 3864-3878.

Liao Q, Xiao H, Bu D, et al. 2011a. ncFANs: a web server for functional annotation of long non-coding RNAs. Nucleic Acids Res, 39: W118-W124.

Licatalosi D D, Mele A, Fak J J, et al. 2008. HITS-CLIP yields genome-wide insights into brain alternative RNA processing. Nature, 456: 464-469.

Lim L P, Glasner M E, Yekta S, et al. 2003a. Vertebrate MicroRNA genes. Science, 299: 1540-1540.

Lim L P, Lau N C, Weinstein E G, et al. 2003b. The microRNAs of Caenorhabditis elegans. Genes & Development, 17: 991-1008.

Lin H. 2007. piRNAs in the germ line. Science, 316: 397.

Lin J, Lai S, Jia R, et al. 2011. Structural basis for site-specific ribose methylation by box C/D RNA protein complexes. Nature, 469: 559-563.

Lin P C, Xu R M. 2012. Structure and assembly of the SF3a splicing factor complex of U2 snRNP. EMBO J, 31: 1579-1590.

Lin X J, Chong Y, Guo Z W, et al. 2015. A serum microRNA classifier for early detection of hepatocellular carcinoma: a multicentre, retrospective, longitudinal biomarker identification study with a nested case-control study. Lancet Oncol, 16: 804-815.

Lippa G M, Liberman J A, Jenkins J L, et al. 2012. Crystallographic analysis of small ribozymes and riboswitches. Methods Mol Biol, 848: 159-184.

Liu B, Chen Z, Song X, et al. 2007. Oryza sativa dicer-like4 reveals a key role for small interfering RNA silencing in plant development. Plant Cell, 19: 2705-2718.

Liu B, Li P C, Li X, et al. 2005b. Loss of function of OsDCL1 affects microRNA accumulation and causes developmental defects in rice. Plant Physiology, 139: 296-305.

Liu B, Sun L, Liu Q, et al. 2015a. A cytoplasmic NF-kappaB interacting long noncoding RNA blocks IkappaB phosphorylation and suppresses breast cancer metastasis. Cancer Cell, 27: 370-381.

Liu C, Bai B, Skogerbo G, et al. 2005a. NONCODE: an integrated knowledge database of non-coding RNAs. Nucleic Acids Res, 33: D112-D115.

Liu H, Wang X, Wang H D, et al. 2012a. Escherichia coli noncoding RNAs can affect gene expression and physiology of Caenorhabditis elegans. Nat Commun, 3: 1073.

Liu J, Jung C, Xu J, et al. 2012b. Genome-wide analysis uncovers regulation of long intergenic noncoding RNAs in Arabidopsis. Plant Cell, 24: 4333-4345.

Liu J F, Gough J, Rost B. 2006. Distinguishing protein-coding from non-coding RNAs through support vector machines. Plos Genetics, 2: 529-536.

Liu J J, Bratkowski M A, Liu X, et al. 2014a. Visualization of distinct substrate-recruitment pathways in the yeast exosome by EM. Nat Struct Mol Biol, 21: 95-102.

Liu L, Wu J, Ying Z, et al. 2010. Astrocyte elevated gene-1 upregulates matrix metalloproteinase-9 and induces human glioma invasion. Cancer Res, 70: 3750-3759.

Liu N, Chen N Y, Cui R X, et al. 2012c. Prognostic value of a microRNA signature in nasopharyngeal carcinoma: a microRNA expression analysis. Lancet Oncol, 13: 633-641.

Liu S, Li J H, Wu J, et al. 2015a. StarScan: a web server for scanning small RNA targets from degradome sequencing data. Nucleic Acids Res, 43: W480-W486.

Liu Z W, Shao C R, Zhang C J, et al. 2014b. The SET domain proteins SUVH2 and SUVH9 are required for Pol V occupancy at RNA-directed DNA methylation loci. PLoS Genet, 10: e1003948.

Lo Y M, Corbetta N, Chamberlain P F, et al. 1997. Presence of fetal DNA in maternal plasma and serum. Lancet, 350: 485-487.

Loewer S, Cabili M N, Guttman M, et al. 2010. Large intergenic non-coding RNA-RoR modulates reprogramming of human induced pluripotent stem cells. Nat Genet, 42: 1113-1117.

Long J C, Caceres J F. 2009. The SR protein family of splicing factors: master regulators of gene expression. Biochem J, 417: 15-27.

Lorenzen J M, Schauerte C, Kielstein J T, et al. 2015. Circulating long noncoding RNA TapSaki is a predictor of mortality in critically ill patients with acute kidney injury. Clin Chem, 61: 191-201.

Lowe T M, Eddy S R. 1997. tRNAscan-SE: a program for improved detection of transfer RNA genes in genomic sequence. Nucleic Acids Res, 25: 955-964.

Lowe T M, Eddy S R. 1999. A computational screen for methylation guide snoRNAs in yeast. Science, 283: 1168-1171.

Lu M, Zhang Q, Deng M, et al. 2008. An analysis of human microRNA and disease associations. PLoS One, 3: e3420.

Lu T, Zhu C, Lu G, et al. 2012. Strand-specific RNA-seq reveals widespread occurrence of novel cis-natural antisense transcripts in rice. BMC Genomics, 13: 721.

Lu Z, Zhang Q C, Lee B, et al. 2016. RNA duplex map in living cells reveals higher-order transcriptome structure. Cell, 165: 1267-1279.

Maher B. 2012. ENCODE: The human encyclopaedia. Nature, 489: 46-48.

Makarova K S, Haft D H, Barrangou R, et al. 2011. Evolution and classification of the CRISPR-Cas systems. Nat Rev Microbiol, 9: 467-477.

Mali P, Esvelt K M, Church G M. 2013. Cas9 as a versatile tool for engineering biology. Nature Methods, 10: 957-963.

Malone C D, Hannon G J. 2009. Molecular evolution of piRNA and transposon control pathways in Drosophila. Cold Spring Harb Symp Quant Biol, 74: 225-234.

Maniatis T, Reed R. 2002. An extensive network of coupling among gene expression machines. Nature, 416: 499-506.

Mao Y B, Cai W J, Wang J W, et al. 2007. Silencing a cotton bollworm P450 monooxygenase gene by plant-mediated RNAi impairs larval tolerance of gossypol. Nat Biotechnol, 25: 1307-1313.

Maquat L E. 2004. Nonsense-mediated mRNA decay: splicing, translation and mRNP dynamics. Nat Rev Mol Cell Biol, 5: 89-99.

Marques A C, Ponting C P. 2009. Catalogues of mammalian long noncoding RNAs: modest conservation and incompleteness. Genome Biol, 10: R124.

Martin A, Troadec C, Boualem A, et al. 2009. A transposon-induced epigenetic change leads to sex determination in melon. Nature, 461: 1135-1138.

Masuda S, Das R, Cheng H, et al. 2005. Recruitment of the human TREX complex to mRNA during splicing. Genes Dev, 19: 1512-1517.

Mattick J S. 2004. The hidden genetic program of complex organisms. Sci Am, 291: 60-67.

Mayr C, Bartel D P. 2009. Widespread shortening of 3'UTRs by alternative cleavage and polyadenylation activates oncogenes in cancer cells. Cell, 138: 673-684.

McHugh C A, Russell P, Guttman M. 2014. Methods for comprehensive experimental identification of RNA-protein interactions. Genome Biol, 15: 203.

Melo S A, Moutinho C, Ropero S, et al. 2010. A genetic defect in exportin-5 traps precursor microRNAs in the nucleus of cancer cells. Cancer Cell, 18: 303-315.

Melo S A, Ropero S, Moutinho C, et al. 2009. A TARBP2 mutation in human cancer impairs microRNA processing and DICER1 function. Nat Genet, 41: 365-370.

Memczak S, Jens M, Elefsinioti A, et al. 2013. Circular RNAs are a large class of animal RNAs with regulatory potency. Nature, 495: 333-338.

Meng J, Li P, Zhang Q, et al. 2014. A four-long non-coding RNA signature in predicting breast cancer survival. J Exp Clin Cancer Res, 33: 84.

Meyer K D, Patil D P, Zhou J, et al. 2015. 5' UTR m (6) A promotes cap-independent translation. Cell, 163: 999-1010.

Meyer K D, Saletore Y, Zumbo P, et al. 2012. Comprehensive analysis of mRNA methylation reveals enrichment in 3' UTRs and near stop codons. Cell, 149: 1635-1646.

Mi S, Cai T, Hu Y, et al. 2008. Sorting of small RNAs into Arabidopsis argonaute complexes is directed by the 5' terminal nucleotide. Cell, 133: 116-127.

Miranda K C, Huynh T, Tay Y, et al. 2006. A pattern-based method for the identification of MicroRNA binding sites and their corresponding heteroduplexes. Cell, 126: 1203-1217.

Mohn F, Handler D, Brennecke J. 2015. Noncoding RNA. piRNA-guided slicing specifies transcripts for Zucchini-dependent, phased piRNA biogenesis. Science, 348: 812-817.

Moore M J, Proudfoot N J. 2009. Pre-mRNA processing reaches back to transcription and ahead to translation. Cell, 136: 688-700.

Mulepati S, Heroux A, Bailey S. 2014. Crystal structure of a CRISPR RNA-guided surveillance complex bound to a ssDNA target. Science, 345: 1479-1484.

Mullen T E, Marzluff W F. 2008. Degradation of histone mRNA requires oligouridylation followed by decapping and simultaneous degradation of the mRNA both 5′ to 3′ and 3′ to 5′. Genes Dev, 22: 50-65.

Nagano T, Mitchell J A, Sanz L A, et al. 2008. The air noncoding RNA epigenetically silences transcription by targeting G9a to chromatin. Science, 322: 1717-1720.

Naganuma T, Nakagawa S, Tanigawa A, et al. 2012. Alternative 3′-end processing of long noncoding RNA initiates construction of nuclear paraspeckles. EMBO J, 31: 4020-4034.

Navarro L, Dunoyer P, Jay F, et al. 2006. A plant miRNA contributes to antibacterial resistance by repressing auxin signaling. Science, 312: 436-439.

Nelles D A, Fang M Y, O'Connell M R, et al. 2016. Programmable RNA tracking in live cells with CRISPR/Cas9. Cell, 165: 488-496.

Nguyen T C, Cao X, Yu P, et al. 2016a. Mapping RNA-RNA interactome and RNA structure in vivo by MARIO. Nat Commun, 7: 12023.

Nguyen T H, Galej W P, Bai X C, et al. 2016b. Cryo-EM structure of the yeast U4/U6.U5 tri-snRNP at 3.7 Å resolution. Nature, 530: 298-302.

Nguyen T H, Galej W P, Bai X C, et al. 2015. The architecture of the spliceosomal U4/U6.U5 tri-snRNP. Nature, 523: 47-52.

Nishikura K. 2010. Functions and regulation of RNA editing by ADAR deaminases. Annu Rev Biochem, 79: 321-349.

Nishimasu H, Ran F A, Hsu P D, et al. 2014. Crystal structure of cas9 in complex with guide RNA and target DNA. Cell, 156: 935-949.

Niu Y, Zhao X, Wu Y S, et al. 2013. N6-methyl-adenosine (m6A) in RNA: an old modification with a novel epigenetic function. Genomics Proteomics Bioinformatics, 11: 8-17.

Orom U A, Derrien T, Guigo R, et al. 2010. Long noncoding RNAs as enhancers of gene expression. Cold Spring Harb Symp Quant Biol, 75: 325-331.

Orom U A, Shiekhattar R. 2013. Long noncoding RNAs usher in a new era in the biology of enhancers. Cell, 154: 1190-1193.

Paige J S, Wu K Y, Jaffrey S R. 2011. RNA mimics of green fluorescent protein. Science, 333: 642-646.

Pan Q, Shai O, Lee L J, et al. 2008. Deep surveying of alternative splicing complexity in the human transcriptome by high-throughput sequencing. Nat Genet, 40: 1413-1415.

Pan Z, Sun X, Shan H, et al. 2012. MicroRNA-101 inhibited postinfarct cardiac fibrosis and improved left ventricular compliance via the FBJ osteosarcoma oncogene/transforming growth factor-beta1 pathway. Circulation, 126: 840-850.

Pandey G K, Mitra S, Subhash S, et al. 2014. The risk-associated long noncoding RNA NBAT-1 controls neuroblastoma progression by regulating cell proliferation and neuronal differentiation. Cancer Cell, 26: 722-737.

Panwar V, McCallum B, Bakkeren G. 2013. Host-induced gene silencing of wheat leaf rust fungus Puccinia triticina pathogenicity genes mediated by the Barley stripe mosaic virus. Plant Molecular Biology, 81: 595-608.

Park J K, Kogure T, Nuovo G J, et al. 2011. miR-221 silencing blocks hepatocellular carcinoma and promotes survival. Cancer Res, 71: 7608-7616.

Parker R, Song H. 2004. The enzymes and control of eukaryotic mRNA turnover. Nat Struct Mol Biol, 11: 121-127.

Peselis A, Serganov A. 2014. Themes and variations in riboswitch structure and function. Biochim Biophys Acta, 1839: 908-918.

Pitino M, Coleman A D, Maffei M E, et al. 2011. Silencing of aphid genes by dsRNA feeding from plants. PloS One, 6: e25709.

Pontes O, Li C F, Costa Nunes P, et al. 2006. The Arabidopsis chromatin-modifying nuclear siRNA pathway involves a nucleolar RNA processing center. Cell, 126: 79-92.

Prasanth K V, Prasanth S G, Xuan Z, et al. 2005. Regulating gene expression through RNA nuclear retention. Cell, 123: 249-263.

Prescott D M. 1994. The DNA of ciliated protozoa. Microbiological Reviews, 58: 233-267.

Qu L. 2013. Non-coding RNA annotation: deciphering the second genetic code. Sci China Life Sci, 56: 865-866.

Ramakrishnan V. 2014. The ribosome emerges from a black box. Cell, 159: 979-984.

Rayner K J, Esau C C, Hussain F N, et al. 2011. Inhibition of miR-33a/b in non-human primates raises plasma HDL and lowers VLDL triglycerides. Nature, 478: 404-407.

Rechavi O, Houri-Ze'evi L, Anava S, et al. 2014. Starvation-induced transgenerational inheritance of small RNAs in C. elegans. Cell, 158: 277-287.

Rehmsmeier M, Steffen P, Hochsmann M, et al. 2004. Fast and effective prediction of microRNA/target duplexes. Rna, 10: 1507-1517.

Reinhart B J, Slack F J, Basson M, et al. 2000. The 21-nucleotide let-7 RNA regulates developmental timing in Caenorhabditis elegans. Nature, 403: 901-906.

Rinn J L, Kertesz M, Wang J K, et al. 2007. Functional demarcation of active and silent chromatin domains in human HOX loci by noncoding RNAs. Cell, 129: 1311-1323.

Rivas E, Klein R J, Jones T A, et al. 2001. Computational identification of noncoding RNAs in E-coli by comparative genomics. Current Biology, 11: 1369-1373.

Roberts T C. 2014. The microRNA biology of the mammalian nucleus. Mol Ther Nucleic Acids, 3: e188.

Roemer I, Reik W, Dean W, et al. 1997. Epigenetic inheritance in the mouse. Curr Biol, 7: 277-280.

Rubio-Somoza I, Zhou C-M, Confraria A, et al. 2014. Temporal control of leaf complexity by miRNA-regulated licensing of protein complexes. Current Biology, 24: 2714-2719.

Salmena L, Poliseno L, Tay Y, et al. 2011. A ceRNA hypothesis: the Rosetta Stone of a hidden RNA language? Cell, 146: 353-358.

Salzman J, Gawad C, Wang P L, et al. 2012. Circular RNAs are the predominant transcript isoform from hundreds of human genes in diverse cell types. PLoS One, 7: e30733.

Sandberg R, Neilson J R, Sarma A, et al. 2008. Proliferating cells express mRNAs with shortened 3' untranslated regions and fewer microRNA target sites. Science, 320: 1643-1647.

Sauvageau M, Goff L A, Lodato S, et al. 2013. Multiple knockout mouse models reveal lincRNAs are required for life and brain development. Elife, 2: e01749.

Schier A F. 2007. The maternal-zygotic transition: death and birth of RNAs. Science, 316: 406-407.

Schirle N T, Sheu-Gruttadauria J, MacRae I J. 2014. Structural basis for microRNA targeting. Science, 346: 608-613.

Schmeing T M, Ramakrishnan V. 2009. What recent ribosome structures have revealed about the mechanism of translation. Nature, 461: 1234-1242.

Schoenberg D R, Maquat L E. 2012. Regulation of cytoplasmic mRNA decay. Nat Rev Genet, 13: 246-259.

Schott J, Stoecklin G. 2010. Networks controlling mRNA decay in the immune system. Wiley Interdiscip Rev RNA, 1: 432-456.

Schwartz S, Agarwala S D, Mumbach M R, et al. 2013. High-resolution mapping reveals a conserved, widespread, dynamic mRNA methylation program in yeast meiosis. Cell, 155: 1409-1421.

Schwartz S, Bernstein D A, Mumbach M R, et al. 2014. Transcriptome-wide mapping reveals widespread dynamic-regulated pseudouridylation of ncRNA and mRNA. Cell, 159: 148-162.

Schwarzenbach, H. 2015. The potential of circulating nucleic acids as components of companion diagnostics for predicting and monitoring chemotherapy response. Expert Rev Mol Diagn, 15: 267-275.

Segev N, Hay N. 2012. Hijacking leucyl-tRNA synthetase for amino acid-dependent regulation of TORC1. Mol Cell, 46: 4-6.

Seo J K, Wu J, Lii Y, et al. 2013. Contribution of small RNA pathway components in plant immunity. Molecular Plant-Microbe Interactions, 26: 617-625.

Shang R, Zhang F, Xu B, et al. 2015. Ribozyme-enhanced single-stranded Ago2-processed interfering RNA triggers efficient gene silencing with fewer off-target effects. Nat Commun, 6: 8430.

Shao W, Zhao Q Y, Wang X Y, et al. 2012. Alternative splicing and trans-splicing events revealed by analysis of the Bombyx mori transcriptome. RNA, 18: 1395-1407.

Sharma E, Sterne-Weiler T, O'Hanlon D, et al. 2016. Global mapping of human RNA-RNA interactions. Mol Cell, 62: 618-626.

Sheng G, Zhao H, Wang J, et al. 2014. Structure-based cleavage mechanism of Thermus thermophilus Argonaute DNA guide strand-mediated DNA target cleavage. Proc Natl Acad Sci USA, 111: 652-657.

Shuai P, Liang D, Tang S, et al. 2014. Genome-wide identification and functional prediction of novel and drought-responsive lincRNAs in Populus trichocarpa. J Exp Bot, 65: 4975-4983.

Simon M, Plattner H. 2014. Unicellular eukaryotes as models in cell and molecular biology: critical appraisal of their past and future value. Int Rev Cell Mol Biol, 309: 141-198.

Simon M D, Wang C I, Kharchenko P V, et al. 2011. The genomic binding sites of a non-coding RNA. Proceedings of the National Academy of Sciences of the United States of America, 108: 20497-20502.

Singh D P, Saudemont B, Guglielmi G, et al. 2014. Genome-defence small RNAs exapted for epigenetic mating-type inheritance. Nature, 509: 447-452.

Smythies J, Edelstein L, Ramachandran V. 2014. Molecular mechanisms for the inheritance of acquired characteristics-exosomes, microRNA shuttling, fear and stress: Lamarck resurrected? Front Genet, 5: 133.

Song C-X, Yi C, He C. 2012a. Mapping new nucleotide variants in the genome and transcriptome. Nature Biotechnology, 30: 1107-1116.

Song L, Liu L, Wu Z, et al. 2012b. TGF-beta induces miR-182 to sustain NF-kappaB activation in glioma subsets. J Clin Invest, 122: 3563-3578.

Song X, Li P, Zhai J, et al. 2012c. Roles of DCL4 and DCL3b in rice phased small RNA biogenesis. Plant Journal, 69: 462-474.

Song X, Wang D, Ma L, et al. 2012d. Rice RNA-dependent RNA polymerase 6 acts in small RNA biogenesis and spikelet development. Plant Journal, 71: 378-389.

Spies N, Burge C B, Bartel D P. 2013. 3' UTR-isoform choice has limited influence on the stability and translational efficiency of most mRNAs in mouse fibroblasts. Genome Res, 23: 2078-2090.

Spilman M, Cocozaki A, Hale C, et al. 2013. Structure of an RNA silencing complex of the CRISPR-Cas immune system. Mol Cell, 52: 146-152.

Spitale R C, Flynn R A, Zhang Q C, et al. 2015. Structural imprints in vivo decode RNA regulatory mechanisms. Nature, 519: 486-490.

Squires J E, Patel H R, Nousch M, et al. 2012. Widespread occurrence of 5-methylcytosine in human coding and non-coding RNA. Nucleic Acids Research, 40: 5023-5033.

Staals R H, Agari Y, Maki-Yonekura S, et al. 2013. Structure and activity of the RNA-targeting type III-B CRISPR-Cas complex of Thermus thermophilus. Mol Cell, 52: 135-145.

Staals R H, Zhu Y, Taylor D W, et al. 2014. RNA targeting by the type III-A CRISPR-Cas Csm complex of Thermus thermophilus. Mol Cell, 56: 518-530.

Staley J P, Guthrie C. 1998. Mechanical devices of the spliceosome: motors, clocks, springs, and things. Cell, 92: 315-326.

Stark H, Luhrmann R. 2006. Cryo-electron microscopy of spliceosomal components. Annu Rev Biophys Biomol Struct, 35: 435-457.

Stein L D. 2010. The case for cloud computing in genome informatics. Genome Biol, 11: 207.

Strasser K, Bassler J, Hurt E. 2000. Binding of the Mex67p/Mtr2p heterodimer to FXFG, GLFG, and FG repeat nucleoporins is essential for nuclear mRNA export. J Cell Biol, 150: 695-706.

Strasser K, Masuda S, Mason P, et al. 2002. TREX is a conserved complex coupling transcription with messenger RNA export. Nature, 417: 304-308.

Sugimoto Y, König J, Hussain S, et al. 2012. Analysis of CLIP and iCLIP methods for nucleotide-resolution studies of protein-RNA interactions. Genome Biology, 13: R67-R67.

Sun K, Chen X, Jiang P, et al. 2013. iSeeRNA: identification of long intergenic non-coding RNA transcripts from transcriptome sequencing data. BMC Genomics, 14 (Suppl 2): S7.

Swiezewski S, Liu F, Magusin A, et al. 2009. Cold-induced silencing by long antisense transcripts of an Arabidopsis Polycomb target. Nature, 462: 799-802.

Szafranski P, Dharmadhikari A V, Brosens E, et al. 2013. Small noncoding differentially methylated copy-number variants, including lncRNA genes, cause a lethal lung developmental disorder. Genome Res, 23: 23-33.

Tam O H, Aravin A A, Stein P, et al. 2008. Pseudogene-derived small interfering RNAs regulate gene expression in mouse oocytes. Nature, 453: 534-538.

Tay Y, Rinn J, Pandolfi P P. 2014. The multilayered complexity of ceRNA crosstalk and competition. Nature, 505: 344-352.

Tian B, Hu J, Zhang H, et al. 2005. A large-scale analysis of mRNA polyadenylation of human and mouse genes. Nucleic Acids Res, 33: 201-212.

Tian N, Yang Y, Sachsenmaier N, et al. 2011. A structural determinant required for RNA editing. Nucleic Acids Res, 39: 5669-5681.

Tong Y S, Wang X W, Zhou X L, et al. 2015. Identification of the long non-coding RNA POU3F3 in plasma as a novel biomarker for diagnosis of esophageal squamous cell carcinoma. Mol Cancer, 14: 3.

Toor N, Keating K S, Taylor S D, et al. 2008. Crystal structure of a self-spliced group II intron. Science, 320: 77-82.

Torres-Larios A, Swinger K K, Pan T, et al. 2006. Structure of ribonuclease P-a universal ribozyme. Curr Opin Struct Biol, 16: 327-335.

Torres A G, Batlle E, Ribas de Pouplana L. 2014. Role of tRNA modifications in human diseases. Trends Mol Med, 20: 306-314.

Tryndyak V P, Latendresse J R, Montgomery B, et al. 2012. Plasma microRNAs are sensitive indicators of inter-strain differences in the severity of liver injury induced in mice by a choline- and folate-deficient diet. Toxicol Appl Pharmacol, 262: 52-59.

Tsai M C, Manor O, Wan Y, et al. 2010. Long noncoding RNA as modular scaffold of histone modification complexes. Science, 329: 689-693.

Tyagi S, Kramer F R. 1996. Molecular beacons: probes that fluoresce upon hybridization. Nat Biotech, 14: 303-308.

Ule J, Jensen K B, Ruggiu M, et al. 2003. CLIP identifies Nova-regulated RNA networks in the brain. Science, 302: 1212-1215.

Ulitsky I, Bartel D P. 2013. lincRNAs: genomics, evolution, and mechanisms. Cell, 154: 26-46.

Upadhyay S K, Chandrashekar K, Thakur N, et al. 2011. RNA interference for the control of whiteflies (Bemisia tabaci) by oral route. Journal of Biosciences, 36: 153-161.

Vargas D Y, Raj A, Marras S A E, et al. 2005. Mechanism of mRNA transport in the nucleus. Proceedings of the National Academy of Sciences of the United States of America, 102: 17008-17013.

Venter J C, Adams M D, Myers E W, et al. 2001. The sequence of the human genome. Science, 291: 1304-1351.

Voinnet O. 2009. Origin, biogenesis, and activity of plant microRNAs. Cell, 136: 669-687.

Wan B, Tang T, Upton H, et al. 2015. The Tetrahymena telomerase p75-p45-p19 subcomplex is a unique CST complex. Nat Struct Mol Biol, 22: 1023-1026.

Wan R, Yan C, Bai R, et al. 2016. The 3.8 A structure of the U4/U6. U5 tri-snRNP: insights into spliceosome assembly and catalysis. Science, 351: 466-475.

Wan Y, Qu K, Zhang Q C, et al. 2014. Landscape and variation of RNA secondary structure across the human transcriptome. Nature, 505: 706-709.

Wang B, Wang L, Chen F, et al. 2016a. MicroRNA profiling of the whitefly Bemisia tabaci Middle East-Aisa Minor I following the acquisition of Tomato yellow leaf curl China virus. Virology Journal, 13: 1.

Wang D, Garcia-Bassets I, Benner C, et al. 2011a. Reprogramming transcription by distinct classes of enhancers functionally defined by eRNA. Nature, 474: 390-394.

Wang G, Cui Y, Zhang G F, et al. 2009a. Regulation of proto-oncogene transcription, cell proliferation, and tumorigenesis in mice by PSF protein and a VL30 noncoding RNA. Proceedings of the National Academy of Sciences of the United States of America, 106: 16794-16798.

Wang J-F, Zhou H, Chen Y-Q, et al. 2004. Identification of 20 microRNAs from Oryza sativa. Nucleic Acids Research, 32: 1688-1695.

Wang J, Li J, Zhao H, et al. 2015. Structural and mechanistic basis of PAM-dependent spacer acquisition in CRISPR-Cas systems. Cell, 163: 840-853.

Wang J, Liu T, Zhao B, et al. 2016a. sRNATarBase 3.0: an updated database for sRNA-target interactions in bacteria. Nucleic Acids Res, 44: D248-D253.

Wang J, Lu M, Qiu C, et al. 2010a. TransmiR: a transcription factor-microRNA regulation database. Nucleic Acids Res, 38: D119-D122.

Wang J W, Park M Y, Wang L J, et al. 2011. miRNA control of vegetative phase change in trees. PLoS Genet, 7: e1002012.

Wang L, Feng Z, Wang X, et al. 2010a. DEGseq: an R package for identifying differentially expressed genes from RNA-seq data. Bioinformatics, 26: 136-138.

Wang L, Song X, Gu L, et al. 2013b. NOT2 proteins promote polymerase II-dependent transcription and interact with multiple MicroRNA biogenesis factors in Arabidopsis. Plant Cell, 25: 715-727.

Wang L, Zhang L F, Wu J, et al. 2014b. IL-1beta-mediated repression of microRNA-101 is crucial for inflammation-promoted lung tumorigenesis. Cancer Res, 74: 4720-4730.

Wang P, Xue Y Q, Han Y M, et al. 2014a. The STAT3-binding long noncoding RNA lnc-DC controls human dendritic cell differentiation. Science, 344: 310-313.

Wang W, Wang L, Zou Y, et al. 2011c. Cooperation of Escherichia coli Hfq hexamers in DsrA binding. Genes Dev, 25: 2106-2117.

Wang X, Lu Z, Gomez A, et al. 2014. N6-methyladenosine-dependent reglation of messenger RNA stability. Nature, 505: 117-120.

Wang X, He C. 2014. Reading RNA methylation codes through methyl-specific binding proteins. RNA Biol, 11: 669-672.

Wang X W, Zhang J, Gu J, et al. 2005. MicroRNA identification based on sequence and structure alignment. Bioinformatics, 21: 3610-3614.

Wang Y, Dang M, Hou H, et al. 2014c. Identification of an RNA silencing suppressor encoded by a mastrevirus. Journal of General Virology, 95: 2082-2088.

Wang Y, Fan X, Lin F, et al. 2014d. Arabidopsis noncoding RNA mediates control of photomorphogenesis by red light. Proceedings of the National Academy of Sciences, 111: 10359-10364.

Wang Y, Juranek S, Li H, et al. 2009b. Nucleation, propagation and cleavage of target RNAs in Ago silencing complexes. Nature, 461: 754-761.

Wang Y, Wang X, Deng W, et al. 2014e. Genomic features and regulatory roles of intermediate-sized non-coding RNAs in Arabidopsis. Mol Plant, 7: 514-527.

Wang Y, Xu Z Y, Jiang J F, et al. 2013a. Endogenous miRNA sponge lincRNA-RoR regulates Oct4, Nanog, and Sox2 in human embryonic stem cell self-renewal. Developmental Cell, 25: 69-80.

Wang Y, Zhang D, Wu K, et al. 2014f. Long noncoding RNA MRUL promotes ABCB1 expression in multidrug-resistant gastric cancer cell sublines. Mol Cell Biol, 34: 3182-3193.

Wang Y, Zhou X L, Ruan Z R, et al. 2016b. A human disease-causing point mutation in mitochondrial threonyl-tRNA synthetase induces both structural and functional defects. J Biol Chem, 291: 6507-6520.

Washietl S, Hofacker I L, Lukasser M, et al. 2005. Mapping of conserved RNA secondary structures predicts thousands of functional noncoding RNAs in the human genome. Nat Biotechnol, 23: 1383-1390.

Watanabe T, Lin H. 2014. Posttranscriptional regulation of gene expression by Piwi proteins and piRNAs. Mol Cell, 56: 18-27.

Watson J D, Crick F H. 1953. Molecular structure of nucleic acids: a structure for deoxyribose nucleic acid. Nature, 171: 737-738.

Wei L, Gu L, Song X, et al. 2014. Dicer-like 3 produces transposable element-associated 24-nt siRNAs that control agricultural traits in rice. Proc Natl Acad Sci USA, 111: 3877-3882.

Wei W, Ba Z, Gao M, et al. 2012. A role for small RNAs in DNA double-strand break repair. Cell, 149: 101-112.

Weick E M, Miska E A. 2014. piRNAs: from biogenesis to function. Development, 141: 3458-3471.

Wen J, Parker B J, Weiller G F. 2007. In Silico identification and characterization of mRNA-like noncoding transcripts in Medicago truncatula. In Silico Biol, 7: 485-505.

Werner A, Sayer J A. 2009. Naturally occurring antisense RNA: function and mechanisms of action. Curr Opin Nephrol Hypertens, 18: 343-349.

Westra E R, Swarts D C, Staals R H, et al. 2012. The CRISPRs, they are a-changin': how prokaryotes generate adaptive immunity. Annu Rev Genet, 46: 311-339.

Wierzbicki A T, Haag J R, Pikaard C S. 2008. Noncoding transcription by RNA polymerase Pol IVb/Pol V mediates transcriptional silencing of overlapping and adjacent genes. Cell, 135: 635-648.

Wierzbicki A T, Ream T S, Haag J R, et al. 2009. RNA polymerase V transcription guides ARGONAUTE4 to chromatin. Nature Genetics, 41: 630-634.

Wu J, Yang Z, Wang Y, et al. 2015. Viral-inducible Argonaute18 confers broad-spectrum virus resistance in rice by sequestering a host microRNA. Elife, 4.

Wu L, Zhou H, Zhang Q, et al. 2010. DNA methylation mediated by a microRNA pathway. Mol Cell, 38: 465-475.

Xiang J F, Yin Q F, Chen T, et al. 2014. Human colorectal cancer-specific CCAT1-L lncRNA regulates long-range chromatin interactions at the MYC locus. Cell Res, 24: 513-531.

Xiao W, Adhikari S, Dahal U, et al. 2016. Nuclear m (6) A reader YTHDC1 regulates mRNA splicing. Mol Cell, 61: 507-519.

Xiao Z D, Diao L T, Yang J H, et al. 2013. Deciphering the transcriptional regulation of microRNA genes in humans with ACTLocater. Nucleic Acids Res, 41: e5.

Xie Z, Johansen L K, Gustafson A M, et al. 2004. Genetic and functional diversification of small RNA pathways in plants. Plos Biology, 2: 642-652.

Xin M, Wang Y, Yao Y, et al. 2011. Identification and characterization of wheat long non-protein coding RNAs responsive to powdery mildew infection and heat stress by using microarray analysis and SBS sequencing. BMC Plant Biol, 11: 61.

Xing Z, Lin A, Li C, et al. 2014. lncRNA directs cooperative epigenetic regulation downstream of chemokine signals. Cell, 159: 1110-1125.

Xu J, Li C X, Li Y S, et al. 2011. MiRNA-miRNA synergistic network: construction via co-regulating functional modules and disease miRNA topological features. Nucleic Acids Res, 39: 825-836.

Xue C H, Li F, He T, et al. 2005. Classification of real and pseudo microRNA precursors using local structure-sequence features and support vector machine. Bmc Bioinformatics, 6.

Xue Y, Ouyang K, Huang J, et al. 2013. Direct conversion of fibroblasts to neurons by reprogramming PTB-regulated microRNA circuits. Cell, 152: 82-96.

Yan C, Hang J, Wan R, et al. 2015. Structure of a yeast spliceosome at 3.6-angstrom resolution. Science, 349: 1182-1191.

Yan L, Yang M, Guo H, et al. 2013. Single-cell RNA-Seq profiling of human preimplantation embryos and embryonic stem cells. Nat Struct Mol Biol, 20: 1131-1139.

Yang B, Lin H, Xiao J, et al. 2007. The muscle-specific microRNA miR-1 regulates cardiac arrhythmogenic potential by targeting GJA1 and KCNJ2. Nat Med, 13: 486-491.

Yang F, Wang X Y, Zhang Z M, et al. 2013b. Splicing proofreading at 5′ splice sites by ATPase Prp28p. Nucleic Acids Res, 41: 4660-4670.

Yang F, Zhang H, Mei Y, et al. 2014. Reciprocal regulation of HIF-1alpha and lincRNA-p21 modulates the Warburg effect. Mol Cell, 53: 88-100.

Yang J H, Li J H, Jiang S, et al. 2013a. ChIPBase: a database for decoding the transcriptional regulation of long non-coding RNA and microRNA genes from ChIP-Seq data. Nucleic Acids Res, 41: D177-D187.

Yang J H, Li J H, Shao P, et al. 2011a. starBase: a database for exploring microRNA-mRNA interaction maps from Argonaute CLIP-Seq and Degradome-Seq data. Nucleic Acids Res, 39: D202-D209.

Yang J H, Shao P, Zhou H, et al. 2010. deepBase: a database for deeply annotating and mining deep sequencing data. Nucleic Acids Res, 38: D123-D130.

Yang J H, Zhang X C, Huang Z P, et al. 2006. snoSeeker: an advanced computational package for screening of guide and orphan snoRNA genes in the human genome. Nucleic Acids Research, 34: 5112-5123.

Yang L. 2015. Splicing noncoding RNAs from the inside out. Wiley Interdiscip Rev RNA, 6: 651-660.

Yang L, Duff M O, Graveley B R, et al. 2011a. Genomewide characterization of non-polyadenylated RNAs. Genome Biol, 12: R16.

Yang X, Yan X, Raja P, et al. 2011c. Suppression of methylation-mediated transcriptional gene silencing by βC1-SAHH protein interaction during geminivirus-betasatellite infection. Plos Pathogens, 7: e1002329.

Yang Y, Zhan L, Zhang W, et al. 2011b. RNA secondary structure in mutually exclusive splicing. Nat Struct Mol Biol, 18: 159-168.

Yang Y G, Qi Y. 2015. RNA-directed repair of DNA double-strand breaks. DNA Repair (Amst), 32: 82-85.

Yao Y D, Sun T M, Huang S Y, et al. 2012. Targeted delivery of PLK1-siRNA by ScFv suppresses Her2+ breast cancer growth and metastasis. Sci Transl Med, 4: 130ra148.

Ye R, Chen Z, Lian B, et al. 2016. A dicer-independent route for biogenesis of siRNAs that direct DNA methylation in Arabidopsis. Molecular Cell, 61: 222-235.

Ye R, Wang W, Iki T, et al. 2012. Cytoplasmic assembly and selective nuclear import of Arabidopsis Argonaute4/siRNA complexes. Mol Cell, 46: 859-870.

Ye W, Lv Q, Wong C K, et al. 2008. The effect of central loops in miRNA: MRE duplexes on the efficiency of miRNA-mediated gene regulation. PLoS One, 3: e1719.

Yin P, Li Q, Yan C, et al. 2013. Structural basis for the modular recognition of single-stranded RNA by PPR proteins. Nature, 504: 168-171.

Yin Q F, Yang L, Zhang Y, et al. 2012. Long noncoding RNAs with snoRNA ends. Mol Cell, 48: 219-230.

Ying X B, Li D, Zhu H, et al. 2010. RNA-dependent RNA polymerase 1 from nicotiana tabacum suppresses RNA silencing and enhances viral infection in nicotiana benthamiana. Plant Cell, 22: 1358-1372.

You L, Wu J, Feng Y, et al. 2015. APASdb: a database describing alternative poly (A) sites and selection of heterogeneous cleavage sites downstream of poly (A) signals. Nucleic Acids Res, 43: D59-D67.

Yu B, Cassani M, Wang M, et al. 2015. Structural insights into Rhino-mediated germline piRNA cluster formation. Cell Res, 25: 525-528.

Yu F, Yao H, Zhu P, et al. 2007. let-7 regulates self renewal and tumorigenicity of breast cancer cells. Cell, 131: 1109-1123.

Yu S, Cao L, Zhou C M, et al. 2013. Sugar is an endogenous cue for juvenile-to-adult phase transition in plants. Elife Sciences, 2: e00269-e00269.

Yu S, Galvao V C, Zhang Y C, et al. 2012. Gibberellin regulates the arabidopsis floral transition through miR156-targeted SQUAMOSA PROMOTER BINDING-LIKE transcription factors. Plant Cell, 24: 3320-3332.

Yuan J H, Yang F, Wang F, et al. 2014. A long noncoding RNA activated by TGF-beta promotes the invasion-metastasis cascade in hepatocellular carcinoma. Cancer Cell, 25: 666-681.

Zahid K, Zhao J H, Smith N A, et al. 2015. Nicotiana small RNA sequences support a host genome origin of cucumber mosaic virus satellite RNA. PLoS Genet, 11: e1004906.

Zappulla D C, Cech T R. 2006. RNA as a flexible scaffold for proteins: Yeast telomerase and beyond. Cold Spring Harbor Symposia on Quantitative Biology, 71: 217-224.

Zen K, Zhang C Y. 2012. Circulating microRNAs: a novel class of biomarkers to diagnose and monitor human cancers. Med Res Rev, 32: 326-348.

Zeng C W, Chen Z H, Zhang X J, et al. 2014. MIR125B1 represses the degradation of the PML-RARA oncoprotein by an autophagy-lysosomal pathway in acute promyelocytic leukemia. Autophagy, 10: 1726-1737.

Zhang C J, Ning Y Q, Zhang S-W, et al. 2012b. IDN2 and its paralogs form a complex required for RNA-directed DNA methylation. Plos Genetics, 8: e1002693-e1002693.

Zhang C-J, Zhou J-X, Liu J, et al. 2013a. The splicing machinery promotes RNA-directed DNA methylation and transcriptional silencing in Arabidopsis. Embo Journal, 32: 1128-1140.

Zhang C, Darnell R B. 2011. Mapping in vivo protein-RNA interactions at single-nucleotide resolution from HITS-CLIP data. Nat Biotechnol, 29: 607-614.

Zhang J, Baran J, Cros A, et al. 2011. International cancer genome consortium data portal—a one-stop shop for cancer genomics data. Database (Oxford), 2011: bar026.

Zhang J X, Song W, Chen Z H, et al. 2013b. Prognostic and predictive value of a microRNA signature in stage II colon cancer: a microRNA expression analysis. Lancet Oncol, 14: 1295-1306.

Zhang L, Hou D, Chen X, et al. 2012a. Exogenous plant MIR168a specifically targets mammalian LDLRAP1: evidence of cross-kingdom regulation by microRNA. Cell Res, 22: 107-126.

Zhang L, Zhang S, Yao J, et al. 2015b. Microenvironment-induced PTEN loss by exosomal microRNA primes brain metastasis outgrowth. Nature, 527: 100-104.

Zhang P, Kang J Y, Gou L T, et al. 2015a. MIWI and piRNA-mediated cleavage of messenger RNAs in mouse testes. Cell Res, 25: 193-207.

Zhang X, Song Y, Shah A Y, et al. 2013c. Quantitative assessment of ratiometric bimolecular beacons as a tool for imaging single engineered RNA transcripts and measuring gene expression in living cells. Nucleic Acids Research, 41: e152-e152.

Zhang X, Zuo X, Yang B, et al. 2014b. MicroRNA directly enhances mitochondrial translation during muscle differentiation. Cell, 158: 607-619.

Zhang X O, Wang H B, Zhang Y, et al. 2014a. Complementary sequence-mediated exon circularization. Cell, 159: 134-147.

Zhang Y, Guan D G, Yang J H, et al. 2010a. ncRNAimprint: a comprehensive database of mammalian imprinted noncoding RNAs. RNA, 16: 1889-1901.

Zhang Y, Jia Y, Zheng R, et al. 2010b. Plasma microRNA-122 as a biomarker for viral-, alcohol-, and chemical-related hepatic diseases. Clin Chem, 56: 1830-1838.

Zhang Y, Liu D, Chen X, et al. 2010c. Secreted monocytic miR-150 enhances targeted endothelial cell migration. Mol Cell, 39: 133-144.

Zhang Y, Yang L, Chen L L. 2014c. Life without A tail: new formats of long noncoding RNAs. Int J Biochem Cell Biol, 54: 338-349.

Zhang Y, Zhang X O, Chen T, et al. 2013b. Circular intronic long noncoding RNAs. Mol Cell, 51: 792-806.

Zhang Y C, Liao J Y, Li Z Y, et al. 2014d. Genome-wide screening and functional analysis identify a large number of long noncoding RNAs involved in the sexual reproduction of rice. Genome Biol, 15: 512.

Zhang Y C, Yu Y, Wang C Y, et al. 2013a. Overexpression of microRNA OsmiR397 improves rice yield by increasing grain size and promoting panicle branching. Nat Biotechnol.

Zhang Y E, Vibranovski M D, Krinsky B H, et al. 2010d. Age-dependent chromosomal distribution of male-biased genes in Drosophila. Genome Res, 20: 1526-1533.

Zhang Y E, Vibranovski M D, Landback P, et al. 2010e. Chromosomal redistribution of male-biased genes in mammalian evolution with two bursts of gene gain on the X chromosome. PLoS Biol, 8.

Zhao H, Sheng G, Wang J, et al. 2014a. Crystal structure of the RNA-guided immune surveillance Cascade complex in Escherichia coli. Nature, 515: 147-150.

Zhao J, Sun B K, Erwin J A, et al. 2008. Polycomb proteins targeted by a short repeat RNA to the mouse X chromosome. Science, 322: 750-756.

Zhao S, Gou L T, Zhang M, et al. 2013. piRNA-triggered MIWI ubiquitination and removal by APC/C in late spermatogenesis. Dev Cell, 24: 13-25.

Zhao T, Li G, Mi S, et al. 2007. A complex system of small RNAs in the unicellular green alga Chlamydomonas reinhardtii. Genes Dev, 21: 1190-1203.

Zhao Y, Lin J, Xu B, et al. 2014a. MicroRNA-mediated repression of nonsense mRNAs. Elife, 3: e03032.

Zhao Y, Yuan J, Chen R. 2016. NONCODEv4: annotation of noncoding RNAs with emphasis on long noncoding RNAs. Methods Mol Biol, 1402: 243-254.

Zheng G, Dahl J A, Niu Y, et al. 2013. ALKBH5 is a mammalian RNA demethylase that impacts RNA metabolism and mouse fertility. Mol Cell, 49: 18-29.

Zheng L L, Li J H, Wu J, et al. 2016. deepBase v2.0: identification, expression, evolution and function of small RNAs, LncRNAs and circular RNAs from deep-sequencing data. Nucleic Acids Res, 44: D196-D202.

Zheng Y, Li Y F, Sunkar R, et al. 2012. SeqTar: an effective method for identifying microRNA guided cleavage sites from degradome of polyadenylated transcripts in plants. Nucleic Acids Res, 40: e28.

Zhou C M, Zhang T Q, Wang X, et al. 2013. Molecular basis of age-dependent vernalization in cardamine flexuosa. Science, 340: 1097-1100.

Zhou H, Liu Q, Li J, et al. 2012. Photoperiod-and thermo-sensitive genic male sterility in rice are caused by a point mutation in a novel noncoding RNA that produces a small RNA. Cell Research, 22: 649-660.

Zhou J, Wan J, Gao X, et al. 2015a. Dynamic m (6) A mRNA methylation directs translational control of heat shock response. Nature, 526: 591-594.

Zhou J, Yu L, Gao X, et al. 2011. Plasma microRNA panel to diagnose hepatitis B virus-related hepatocellular carcinoma. J Clin Oncol, 29: 4781-4788.

Zhou L, Hang J, Zhou Y, et al. 2014a. Crystal structures of the Lsm complex bound to the 3′ end sequence of U6 small nuclear RNA. Nature, 506: 116-120.

Zhou M, Luo H. 2013. MicroRNA-mediated gene regulation: potential applications for plant genetic engineering. Plant Mol Biol, 83: 59-75.

Zhou X, Li X, Cheng Y, et al. 2014a. BCLAF1 and its splicing regulator SRSF10 regulate the tumorigenic potential of colon cancer cells. Nat Commun, 5: 4581.

Zhou X, Wang E. 2013. Transfer RNA: a dancer between charging and mis-charging for protein biosynthesis. Sci China Life Sci, 56: 921-932.

Zhou X, Xu F, Mao H, et al. 2014b. Nuclear RNAi contributes to the silencing of off-target genes and repetitive sequences in Caenorhabditis elegans. Genetics, 197: 121-132.

Zhou X, Yin C, Dang Y, et al. 2015b. Identification of the long non-coding RNA H19 in plasma as a novel biomarker for diagnosis of gastric cancer. Sci Rep, 5: 11516.

Zhu E L, Zhao F Q, Xu G, et al. 2010. mirTools: microRNA profiling and discovery based on high-throughput sequencing. Nucleic Acids Research, 38: W392-W397.

Zong F Y, Fu X, Wei W J, et al. 2014. The RNA-binding protein QKI suppresses cancer-associated aberrant splicing. PLoS Genet, 10: e1004289.

附录 缩略词

缩略词	全称
RNA	ribonucleic acid
非编码 RNA	non-protein coding RNA, ncRNA
小 RNA	small RNA
核糖体 RNA	ribosomal RNA, rRNA
转运 RNA	transfer RNA, tRNA
RNA 干扰	RNA interference, RNAi
微 RNA	microRNA, miRNA
小干扰 RNA	small interfering RNA, siRNA
核仁小 RNA	small nucleolar RNA, snoRNA
长非编码 RNA	long noncoding RNA, lncRNA
环状 RNA	circular RNA, circRNA
基因间长非编码 RNA	long intergenic non-coding RNA, lincRNA
新一代测序技术	next generation sequencing, NGS
紫外交联免疫共沉淀结合高通量测序	crosslinking-immunprecipitation and high-throughput sequencing, CLIP-Seq
染色质免疫沉淀测序	chromatin immunoprecipitation sequencing, ChIP-Seq
RNA 编辑	RNA editing
1-甲基腺嘌呤	N1-Methyladenosine, m^1A
6-甲基腺嘌呤	N6-Methyladenosine, m^6A
5-甲基胞嘧啶	5-methylcytosine, m^5C
CRISPR	clustered regularly interspaced shortpalindromic repeats

续表

缩略词	全称
Cas	CRISPR-associated
crRNA	CRISPR-derived RNA
tracrRNA	trans-activation RNA
ENCODE	the encyclopedia of DNA elements
美国国立卫生研究院	National Institutes of Health，NIH
人类基因组研究所	National Human Genome Research Institute，NHGRI
人类基因组计划	Human Genome Project，HGP
胞外核酸通信计划	Extracellular RNA Communication Project
欧盟 RNA 研究计划	RNA in health and disease，Ribonet
日本哺乳动物基因组功能注释计划	Functional Annotation of the Mammalian Genome (FANTOM)

关键词索引

863 计划　12，13
973 计划　12，20

A

癌症　11-13，15，19，21，22，26，32-34，41，50，57，63，65，79，85，86
暗物质　1

B

胞外 RNA　11，12，141
表观 RNA 组　8

C

circRNA　2，3，7，16，25，33，41，42，45，48，49，51，53，54，57-59，62，68，72，73，110，140
CLIP-Seq（紫外交联共沉淀测序）　7，8，24，31，34，37，38，122，135，140
CRISPR/Cas（基因组编辑技术）　8，9，47，76，113，126

D

大数据　4，9，34，81
单分子影像　107
端粒　59，74，76，77，102

E

ENCODE 计划（百科全书计划）　1，2，11，24，29，36，59，64，125，141

F

发展规律　5，7，9
发展态势　11，13，15，17，19，21，23，25，27
非编码 RNA　1-6，8-39，41-43，46，47，49，51，53-55，57-60，62-68，73，75，77-88，90，92-110，140
非编码基因　1，2，5，27，38
分子育种　87，90，92

G

规划　11，12，15，23，65

-143-

国家重点实验室 109
国家重点研发计划 109

H

核酶 5, 6, 70, 71, 99, 102
核糖核酸 12, 23, 55, 100
核糖体 47, 69, 70, 73-77, 99, 100, 140

J

基本科学指标 20
基因表达 2, 5-7, 12, 24, 34, 38, 40, 42, 44, 48, 52-54, 57, 59-62, 64, 66, 67, 69, 71, 72, 75, 78, 82, 83, 87, 89-92
基因资源 4, 26, 33, 81, 87
疾病 1-3, 11-13, 15, 21-25, 28, 29, 32-37, 39, 41-48, 50-52, 54-57, 60, 64-67, 72, 75, 78-86, 95, 98, 101, 103, 105-107
结构生物学 28, 46, 69, 71, 74-78
进化 2, 14, 29, 30, 32, 34, 37, 50, 55, 63-66, 70, 73, 82, 107
精准医疗 83, 103

K

科学前沿 12, 13, 23, 27, 67, 107, 110
科学意义 1, 3, 103

L

lncRNA 1-3, 5, 7, 15, 16, 23-25, 29, 30, 33, 35-37, 39-43, 45, 48-51, 53-63, 68, 78-80, 82, 85, 87-92, 94-97, 100, 108, 114-116, 119, 120, 130, 134, 140

M

microRNA（miRNA） 6, 16, 40, 110, 113-125, 128, 129, 131, 132, 134-138, 140
mRNA 1, 3, 5-8, 13, 23-25, 32, 37-43, 46-53, 55-57, 59-62, 69, 71, 75, 76, 78, 87, 88, 97, 98, 105, 107, 110, 111, 113-116, 118, 125-128, 130, 131, 133-135, 138

N

农学 4, 15, 28, 86

O

欧盟框架计划 11

P

piRNA 1-3, 6, 7, 16, 23, 25, 33, 40, 45, 50-52, 56-58, 60, 67, 72, 78, 85, 116, 118, 123, 125, 126, 133, 136, 137

R

染色质免疫沉淀 96, 97, 140
人类基因组 1, 2, 5, 8, 11, 29-

31，36，37，44，57，59，64，
101，141

RNA 标志物　12，34-35

RNA 调控　6，12-14，23，25，29，
31，38，40，42，43，52，61，
71，72，83

RNA 干涉　85

RNA 加工　39，42，44，47，55，56

RNA 结合蛋白　8，12，25，31，33，
40，45，46，51，56，60，61，
63，106

RNA 生成　28，38，42，43，54-56

RNA 世界　2，5，6，10，43，70，103

RNA 信息学　28，29，33，35

RNA 修饰　3，8，39，45，46，50，
56，57，74，91，98，100，
101，106

RNA 组学　9，23，29，35，38，
83，110

rRNA　1，5，8，23，29，39，41，
43，75，98，102，105，140

S

染色质免疫沉淀　96，97，140

人类基因组　1，2，5，8，11，29-
31，36，37，44，57，59，64，
101，141

生命科学　1-4，10，12-15，24-27，
29，40，55-57，59，67，68，71，
75，77，85，93，94，109，110

生命组学　4

生物信息学　9，24，29，31，32，
35，37，46，47，71，94

十三五　109

数据库　15，16，23，24，32，33，
35-37，69，70，83

双色网络　23，37

siRNA　1-3，6，7，16，22，33，
40，41，45，50，52，55-58，67，
72，85，87，88，91，95，112，
117，119，127，133，135，140

sitRNA　2，6

snoRNA　1，3，5，6，8，14，16，
23，29-31，33，36，37，42，45，
53，73，75，124，135，140

snRNA　1，5，6，8，16，29，38，
76，80

T

调控网　1，3，11，13，15，28，
29，32-38，52，60，64，72，75，
81-84，87，91

tRNA　1，2，5，6，14，16，23，
25，29，39，41，43，56，57，
62，63，68，69，75，77，98，
99，105，111，114-116，118，
119，123，124，129，131，
133，140

X

细胞命运　14，25，28，49，59，
63，66，67

香山会议　23

芯片　29，32，33，103

新方法　24，27，28，56，95，99，
101，103，106，107

新技术　7-9，27，28，42，43，53，60，95，100，102-105，107

新一代测序　7，24，29，31-33，36，37，140

信号转导　3，63，66

Y

医学　3，4，6，12-15，24，25，28，29，65，68，72，78-83，85，86，95，102，108

遗传　1-6，8，11，13，14，24，26，28，29，36，40，41，43，46，50-53，57-59，63-67，69，70，72，75，79，80，82，83，87，88，90，91，93-96，102，105-107

遗传密码　1-3，5，8

Z

战略价值　1，3，103

真核生物　2，6，32，41，49，57，58，64，73，75，76，88，98

植物　2，6，8，13-15，24，26，28，33，37，50，56，61，62，64，67，71，72，86-95，97，108

中心法则　1，5，39

重点项目　13-15

转化医学　13，26，83

转基因　87，92

资源共享　90

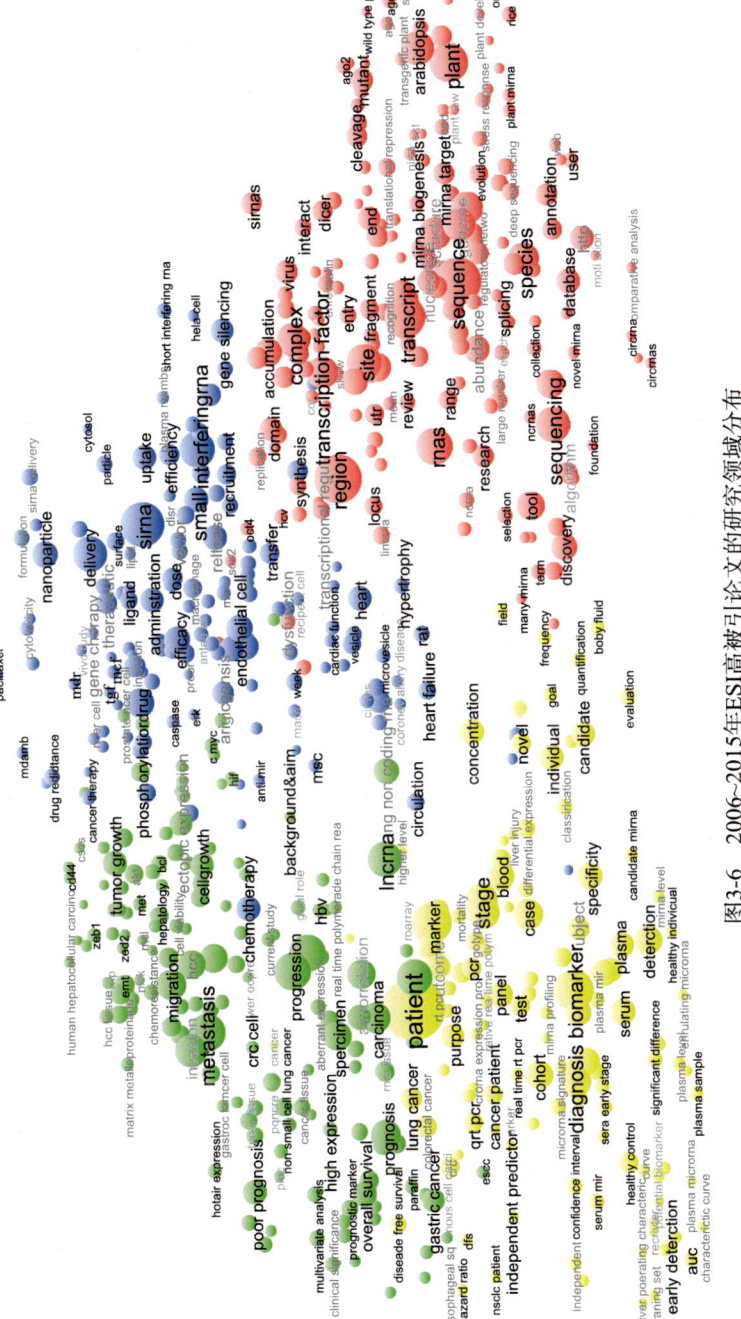

图3-6 2006~2015年ESI高被引论文的研究领域分布

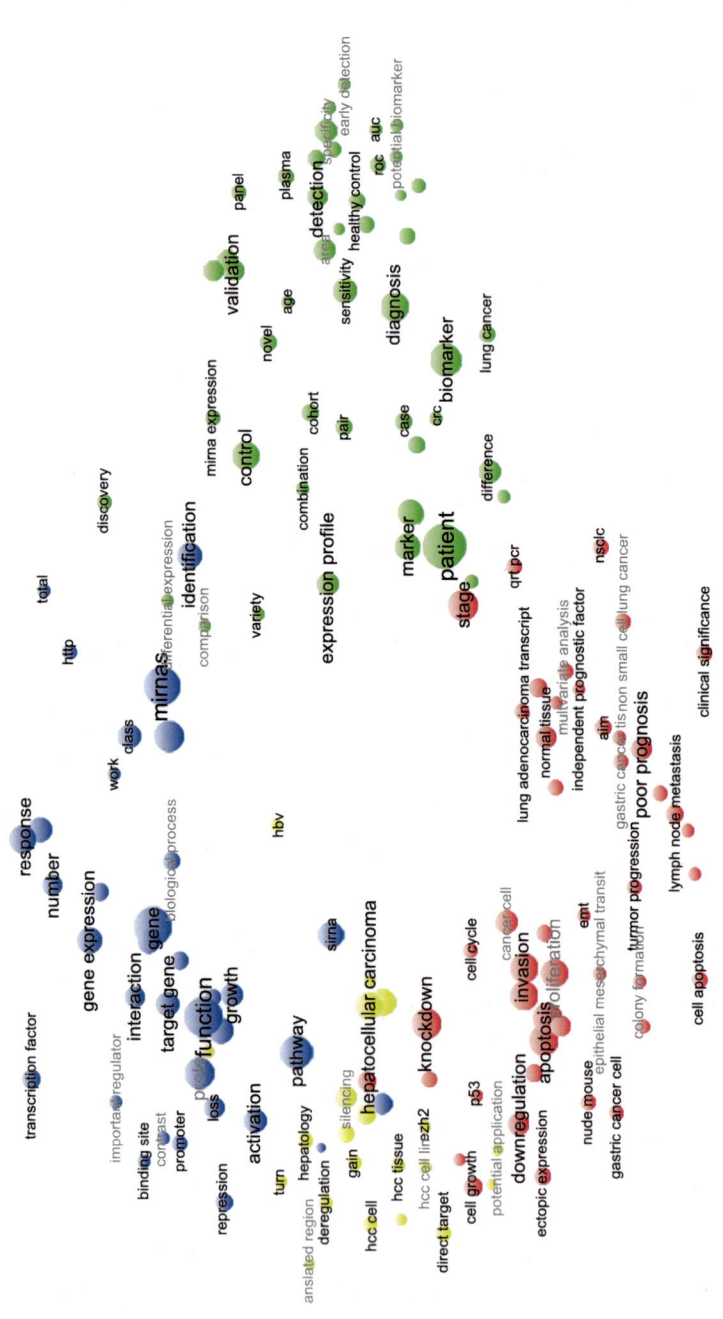

图3-7 2006~2015年中国的ESI高被引论文的研究领域分布